职业教育计算机应用技术专业系列教材

网页制作教程

主　编　王琰琰　白伟杰

副主编　陈　婧　李秋敬　吴英宾

郑桂昌　王秀玲

参　编　束华娜　赵华丽　王　慧

王飞宇　姜运宇

机械工业出版社

HTML与CSS是网页制作技术的核心和基础，也是每个网页制作者必须要掌握的基础知识，两者在网页设计中不可或缺。本书从初学者的角度，以形象的比喻、实用的案例、通俗易懂的语言详细介绍了使用HTML与CSS进行网页设计与制作的各方面内容和技巧。

本书共10章，其中第1～4章主要介绍了网页概述、建站规范、HTML基础和CSS入门。第5～8章主要讲解了CSS盒子模型、浮动与定位、列表与超链接、HTML表单。第9、10章为实战开发内容，引导读者开发一个综合的网页，并掌握网上发布的技术。

本书配套有源代码、习题、教学课件、教学大纲、教学辅助案例等资源。

本书可作为普通高等院校、高等职业技术学院相关专业网页设计与制作课程的教材，也可以作为网页平面设计的培训教材，还可以作为网页制作、美工设计、网页编程等行业人员的参考用书。

图书在版编目（CIP）数据

网页制作教程/王琰琰，白伟杰主编. —北京：机械工业出版社，2020.5（2022.6重印）

职业教育计算机应用技术专业系列教材

ISBN 978-7-111-64920-5

Ⅰ. ①网… Ⅱ. ①王… ②白… Ⅲ. ①网页制作工具—职业教育—教材 Ⅳ. ①TP393.092.2

中国版本图书馆CIP数据核字（2020）第034977号

机械工业出版社（北京市百万庄大街22号 邮政编码100037）

策划编辑：梁 伟 赵志鹏　　责任编辑：梁 伟 赵志鹏

责任校对：王明欣　　封面设计：马精明

责任印制：刘 媛

涿州市般润文化传播有限公司印刷

2022年6月第1版第3次印刷

184mm×260mm · 12.5印张 · 253千字

标准书号：ISBN 978-7-111-64920-5

定价：39.90元

电话服务

客服电话：010-88361066

010-88379833

010-68326294

封底无防伪标均为盗版

网络服务

机 工 官 网：www.cmpbook.com

机 工 官 博：weibo.com/cmp1952

金 书 网：www.golden-book.com

机工教育服务网：www.cmpedu.com

PREFACE 前言

本书主要培养初学者掌握网页设计与制作的基本技能，使初学者熟悉网页设计的概念和方法，能够运用HTML和CSS设计和美化网页，进行网站规划、建立和维护，具备网页设计岗位的职业技术能力，成为熟练的网页制作者和Web站点管理者。

作为一种技术的入门教程，最重要的也最难的一件事情就是要将一些非常复杂、难以理解的思想和问题简单化，让初学者能够轻松理解并快速掌握。本书对每个知识点都进行了深入的分析，针对每个知识点精心设计了相关案例，并模拟这些知识点在实际工作中的运用，真正做到了知识的由浅入深，由易到难。

全书共10章，包含以下内容。

（1）第1章主要介绍了网页制作的基础知识，通过学习，初学者能够简单地认识网页，了解HTML与CSS语言，了解网页制作的常用工具。

（2）第2章主要介绍网站的建站流程、分类和网站建设过程中的一些行业规范。

（3）第3、4章分别为HTML基础和CSS入门，要求初学者掌握HTML与CSS语言的基本语法，熟悉常用的HTML文本标记、图像标记，能够熟练地使用CSS控制网页中的字体和文本外观。

（4）第5～8章主要讲解了CSS高级技巧、布局与常见的兼容性。掌握这些实用的技巧，可以使初学者在制作网页时得心应手。

（5）第9、10章为实战开发内容，结合前面学习的基础知识，引导初学者开发一个综合性的页面——学校的网页首页，并掌握在网上进行发布的技术。通过实战训练，初学者可以更好地掌握一个完整网站项目的开发流程。

本书附有配套的源代码、习题、教学课件、教学大纲、教学辅助案例等资源。

下面是各章节的建议学时数。

章节	动手操作学时	理论学时
网页概述	0	2
建站规范	2	2
HTML 基础	3	3
CSS 入门	4	4

（续）

章节	动手操作学时	理论学时
CSS 盒子模型	4	4
浮动与定位	4	4
列表与超链接	4	4
HTML 表单	4	4
网站部署	2	2
实战开发—— 学院首页	8	0
合计	35	29

本书由聊城职业技术学院王琰琰、白伟杰主编，负责整书思路、主要框架和大纲的编写。陈婧、李秋敬、吴英宾、郑桂昌、王秀玲任副主编。束华娜、赵华丽、王慧、王飞宇、姜运宇也参与了本书的编写（排名不分前后）。

由于编者水平有限，书中错误、疏漏之处在所难免，恳请广大读者批评指正。

编　者

CONTENTS 目录

前　言

第1章　网页概述 1

1.1　网页基本概念 2

1.2　网页制作简介 5

1.3　网页制作常用工具介绍 9

第2章　建站规范 15

2.1　网站建站流程 16

2.2　网站分类 18

2.3　网站设计规范 19

第3章　HTML基础 23

3.1　HTML页面的形成 24

3.2　HTML文本控制标记 28

3.3　图像标记 37

3.4　阶段性案例——制作图文混排页面 43

第4章　CSS入门 47

4.1　CSS基础 48

4.2　CSS选择器 55

4.3　CSS设置字体效果 58

4.4　CSS文本外观属性 62

4.5　CSS复合选择器、层叠性与继承性以及优先级 64

4.6　阶段性案例——百度搜索页面 74

第5章　CSS盒子模型 79

5.1　什么是盒子模型 80

5.2　盒子模型相关属性 80

5.3　元素类型 88

5.4 块状元素垂直边距的合并 93
5.5 阶段性案例—— 多图像显示效果 96
第6章 浮动与定位 99
6.1 浮动 100
6.2 定位 106
6.3 阶段性案例—— 导航栏制作 111
第7章 列表与超链接 115
7.1 列表 116
7.2 超链接 121
7.3 阶段性案例—— 新闻版块的制作 127
第8章 HTML表单 131
8.1 <form>标签 132
8.2 表单对象 136
8.3 阶段性案例—— 学生信息登记表 159
第9章 网站部署 163
9.1 网站部署的基本流程 164
9.2 网站的本地部署 165
9.3 网站的远程部署 176
第10章 实战开发—— 学院首页 179
10.1 页面效果分析 180
10.2 首页页面效果实现 184
参考文献 192

第1章 网页概述

学习目标

1）了解网页基本概念及相关名词术语。

2）理解HTML、CSS及脚本语言在网页中起到的作用。

3）熟悉网页制作中常用工具的基本操作，能够使用Dreamweaver创建简单网页。

随着网络的快速发展，互联网成为人们的必需品。越来越多的个人、企业、政府及学校等都制作了自己的网站，人们对网站的要求也越来越高，网站不仅要满足人们浏览信息的需求，还要有更好的视觉效果和交互效果，并且要符合受众的阅读习惯，方便受众快速定位到所需内容。要想制作出符合上述要求的网站，不仅需要熟练掌握网站建设的相关软件，还需要了解网站开发和网页设计制作的基础知识。本章主要介绍网页的基本概念、编写语言和常用的开发软件。

1.1 网页基本概念

Web，原意为“网、蛛丝”，在网页设计中，我们称之为“网页”。大家对网页并不陌生，网页已经延伸到了人们生活的各个角落，在日常浏览新闻、查询信息、学习知识、玩网页游戏等，都是在浏览网页。但是，对于学习网页制作的初学者来说，还需要进一步了解网页相关的基本概念，才能继续深入学习其他内容。

1.1.1 认识网页

当输入一个网址，进入网页后，浏览者首先看到的是网站的首页。首页所包含的信息比较多，通常包括网站LOGO、导航栏（有些页面会包括二级导航）、指向二级页面的链接、指向其他网站的链接及版权所有信息等，如图1－1所示。

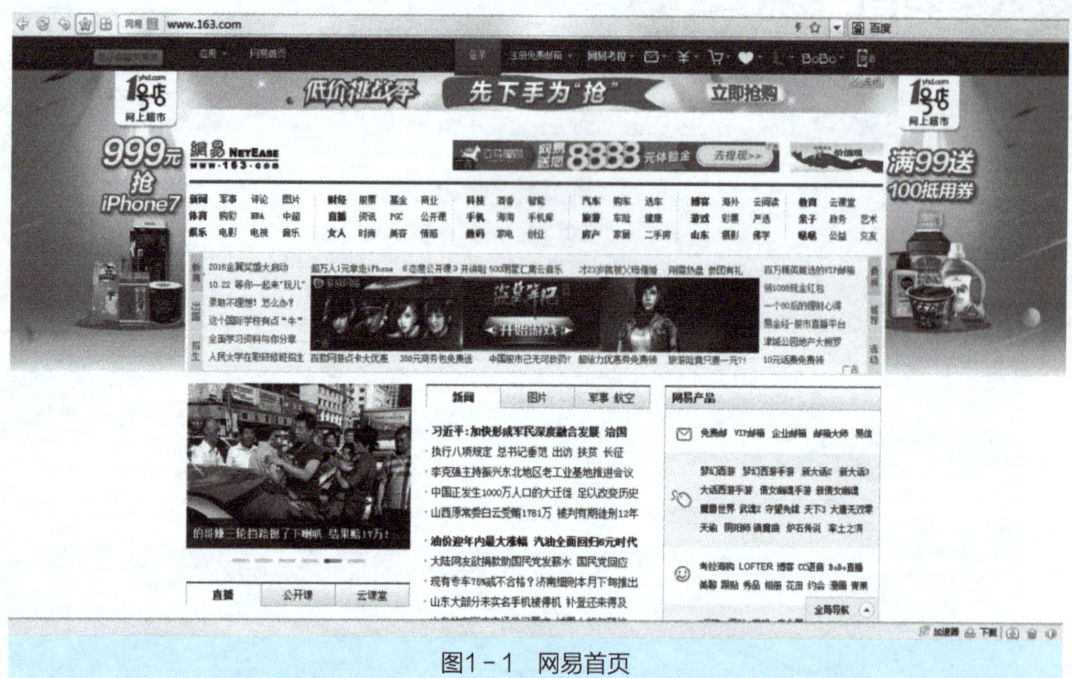

图1－1　网易首页

访问者可以按照首页中的分类来精确定位到自己要查询或浏览的内容。从页面中可以看到，网页主要由文字、图像、动画、超级链接等元素组成。当单击首页导航栏中的“军事”时，就会跳转到其二级子页面“网易军事”。为了让初学者能够了解网页的形成，接下来查看一下网页的源代码，目前查看页面源代码有两种方式。

1）在浏览器的菜单栏中选择【查看】→【源文件】，如图1－2所示。

2）在页面的空白区域单击鼠标右键，在弹出的右键菜单中选择【查看源代码】，如图1–3所示。

图1-2 查看源代码方式（一）

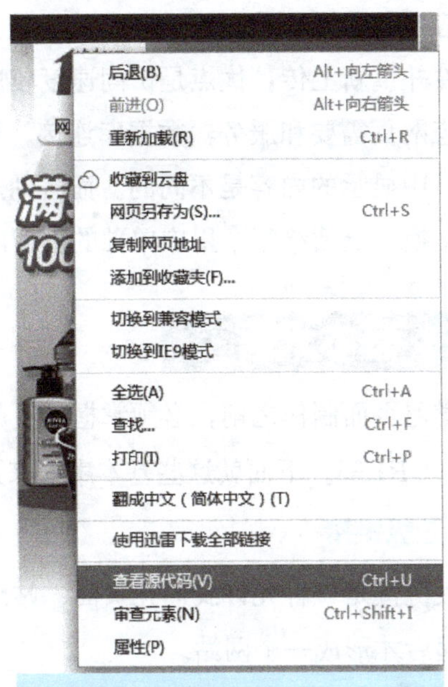

图1-3 查看源代码方式（二）

在使用这两种方式其中之一查看源代码后，在弹出的窗口中便会显示当前网页的源代码，如图1-4所示。

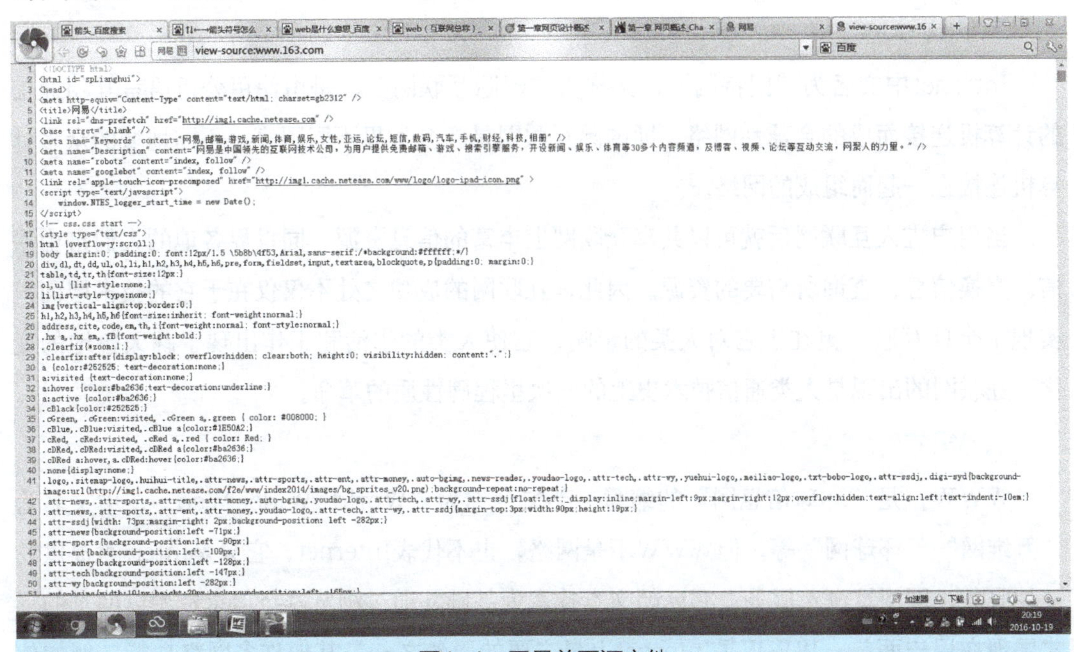

图1-4 网易首页源文件

图1-4中显示的是网易首页的源文件，可以看到里面有许多代码和文字，这是一个纯文本文件。在浏览器中看到的图片、超级链接等，实际上是这些代码和文字被浏览器编译解析之后的结果。

网页有静态和动态之分。所谓静态网页是指用户无论何时何地访问，该网页都会显示固定内容，除非网页代码被重新修改上传。静态网页的缺点是更新不方便，更新时需要修改源文件并重新上传；优点是访问速度较快。

动态网页需要和服务器数据库连接，页面可以随时更新，所以用户在不同时间访问的时候网页中显示的内容是不同的。而且动态网页可以根据不同用户的不同请求和数据库进行实时交换，反馈给每个用户单独的页面内容供用户浏览使用。

1.1.2 基本术语

在学习页面制作之前，必须掌握网页的基本术语，它们是组成网页的重要环节，如超级链接、URL等。下面就这些基本术语来进行具体解释。

1．超级链接

超级链接是一种允许我们在页面、站点或其他元素之间进行连接的元素，各个页面连接到一起后才形成一个网站。

超级链接可以链接到页面、图像、当前页面中的其他位置、电子邮件地址、文件或应用程序。访问者单击超级链接后，链接目标将显示在浏览器上，并且根据链接的内容或文件类型，来决定打开显示还是运行。

2．Internet

Internet中文名为“因特网”，又称为“国际互联网”，是由使用公用语言互相通信的计算机连接而成的全球性网络。即国际互联网是将全世界不同国家、不同地域的众多计算机连接在一起而组成的网络。

当用户进入互联网后就可以共享互联网上丰富的信息资源，同世界各地的人们自由通信、交换信息、查询所需要的资源。因此，互联网的成功之处不仅仅在于它的技术层面，实现了全球互联，更在于它对人类的影响，它使人类的生活和工作出现了翻天覆地的变化。互联网的出现是人类通信技术史上的一次里程碑性质的革命。

3．WWW

WWW，是“环球信息网”的缩写，英文全称为“World Wide Web”，中文名为“万维网”“环球网”等。但WWW不是网络，也不代表Internet，它只是Internet提供的一种服务，即网页浏览服务。它以超文本技术为基础，通过浏览器将信息资源以网页的形式展现在用户面前。WWW是Internet上最主要的服务之一，其他许多网络功能，例如信息查询、网上购物等，都是基于WWW服务的。

4．HTTP

HTTP（Hyper Text Transfer Protocol），中文名称为“超文本传输协议”，是互联网上应用最广泛的网络协议之一。浏览网页时在浏览器地址栏中输入的地址都是以

“http://”开始的。它定义了浏览器和万维网服务器之间互相通信的规则，例如信息如何被格式化、如何被传输，以及在各种命令下服务器和浏览器所采取的响应。它具备强大的自检功能，确保用户请求的文件到达客户端时一定是准确的。

5. URL

URL（Uniform Resource Locator），中文名称为“统一资源定位符”，是对可以从互联网上得到的资源的位置和访问方法的一种简单表示，是互联网上标准资源的地址。URL其实就是人们经常说的“网址”。在互联网上的所有文件（文本、视频、图片、音频等）都有唯一的地址，即URL。知道该资源的URL，就可以对其进行访问。例如网易的URL就是http://www.163.com。

6. FTP

FTP（File Transfer Protocol），中文名称为“文件传输协议”。它是为了让用户能够在Internet上互相传送文件而制定的文件传送标准，规定了Internet上文件如何传送。也就是说，通过FTP协议，用户就可以同Internet上的FTP服务器进行文件上传（Upload）或下载（Download）等。

7. DNS

DNS（Domain Name System），中文名称为“域名解析系统”，在互联网上作为域名和IP地址相互映射的一个分布式数据库，能够使用户更方便地访问互联网，而不用去记住能够被机器直接读取的IP地址。

在Internet上，域名与IP地址是一一对应的，用户在访问某个网站的时候，直接输入该网站域名就可以直接访问。但计算机只能识别IP地址，所以必须通过DNS将域名转换成IP地址，这个过程称为域名解析。因此DNS就是进行域名解析的系统。

8. W3C

W3C（World Wide Web Consortium），中文名称为“万维网联盟”。其创建于1994年，是Web技术领域最具权威和影响力的国际中立性技术标准机构。到目前为止，W3C已发布了200多项影响深远的Web技术标准及实施指南，如业界广为使用的超文本标记语言HTML、可扩展标记语言XML等。这些技术标准有效促进了Web技术的兼容性，对互联网技术的发展和应用起到了基础性和根本性的支撑作用。

1.2 网页制作简介

网页制作的基本应用技术是HTML、CSS及脚本语言。想要学好这些技术，首先需要对它们有一个整体的认识和了解。本节将对这些基本应用技术进行介绍。

1.2.1 HTML简介

HTML（Hyper Text Markup Language），中文名称为“超文本标记语言”。“超文本”就是指页面内可以包含文本、图片、视频、链接等元素。其中“标记”是重点，页面内所包含的这些文本或非文本的内容都是通过标记来进行描述的。添加了标记符号后，可以告诉浏览器如何显示其中的内容。

HTML中提供了很多标记，如图像标记、段落标记、超链接标记等，网页中需要定义什么内容，就用相应的HTML标记描述即可。但需要注意的是，不同的浏览器对同一种标记符可能会有不同的解析，因此可能会有不同的效果。

超文本标记语言文档制作简单，但功能强大，支持不同数据格式的文件嵌入，这也是万维网（WWW）盛行的原因之一，其主要特点如下：

1）简易性。超文本标记语言版本升级采用超集方式，从而更加灵活方便。

2）可扩展性。超文本标记语言的广泛应用带来了加强功能、增加标识符等要求，超文本标记语言采取子类元素的方式，为系统扩展带来保证。

3）平台无关性。超文本标记语言可以应用在不同的平台上，这也是万维网（WWW）盛行的另一个原因。

4）通用性。HTML是网络的通用语言，一种简单、通用的全置标记语言。它允许网页制作人建立文本与图片相结合的复杂页面，这些页面可以在网上被其他人浏览到，无论访客使用的是什么类型的计算机或浏览器。

下面，通过图1－5来简单认识一下HTML。

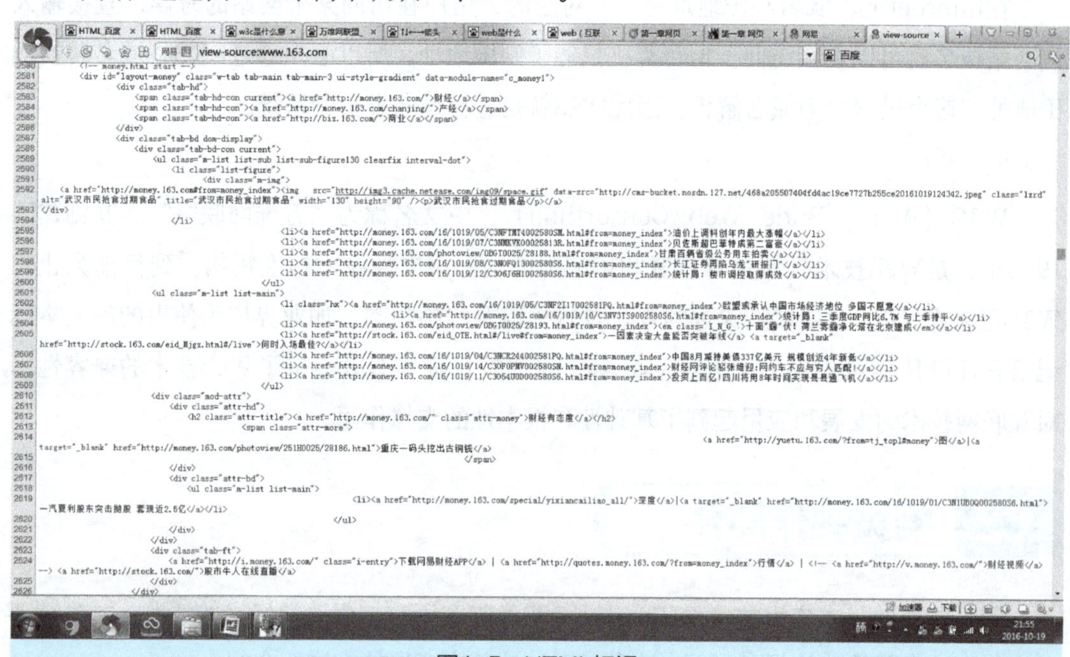

图1-5　HTML标记

图1–5中，<img>标记用于描述图像内容，<a>标记用于描述超级链接。HTML的基本结构如图1–6所示。

图1－6 网页基本HTML结构

HTML语言发展至今，经历了6个版本，在此过程中新增了一些标记，也淘汰了一些标记。具体历程如下：

1）超文本标记语言（第一版）—— 在1993年6月作为互联网工程工作小组（IETF）工作草案发布（并非标准）。

2）HTML 2.0——1995年11月作为RFC 1866发布，在RFC 2854于2000年6月发布之后被宣布淘汰。

3）HTML 3.2——1997年1月14日发布，W3C推荐标准。

4）HTML 4.0——1997年12月18日发布，W3C推荐标准。

5）HTML 4.01（微小改进）——1999年12月24日发布，W3C推荐标准。

6）HTML 5.0——2014年10月28日发布，W3C推荐标准。

目前最新的版本是HTML5.0版本，该版本的设计目的是在移动设备上支持多媒体。另外，HTML5.0还引入了新的功能，可以改变用户与文档的交互方式。但由于各个浏览器对HTML5.0版本的支持性尚未统一，所以目前HTML5.0还未得到广泛应用。

1.2.2 CSS简介

CSS（Cascading Style Sheets），中文名称为“层叠样式表”，是一种用来表现HTML（标准通用标记语言的一个应用）或XML（标准通用标记语言的一个子集）等文件样式的计算机语言，主要用于设置HTML页面中的文本样式（文字大小、对齐方式、文字颜色等）、图片样式（大小、位置、边距等）、版面布局等。

在网页制作的技术中，以HTML语言为基础，采用CSS技术，可以有效地对网页的布局、颜色、字体、背景和其他效果实现更加精确地控制，如图1–7和图1–8所示。

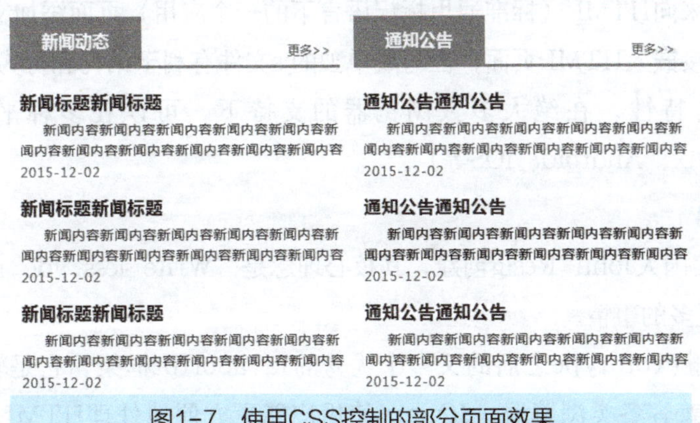

图1–7 使用CSS控制的部分页面效果

```
.content{ position:relative; overflow:hidden; margin-top:34px;}

.content .left{ width:719px; height:500px; float:left;}
.content .left .leftHead{ height:50px; border-bottom:3px solid #8bbf36; width:352px;}
.content .left .leftHead li{ line-height:50px; float:left; width:140px; text-align:center;
 cursor:pointer; font-size:18px; color:#3c3c3c; font-weight:bold;}
.content .left .leftHead li:hover{ background:#8bbf36; color:#fff;}
.content .left .leftHead .currentStyle{ background:#8bbf36; color:#fff; margin-top:0px;}

.content .left .leftContent{ position:relative; width:352px; float:left;}
.more{  font-size:13px; float:right; line-height:70px; margin-right:10px;}
.more a{ color:#8B8B8B;}
.more a:hover{ color:#585858;}
.content .left .leftContent .newsImg{ height:99px; width:175px; overflow:hidden;}
.content .left .leftContent .newsImg img{ width:100%; height:auto;}
.content .left .leftContent ul li{ margin-top:10px;}
.content .left .leftContent span{ display:inline-block; vertical-align:top;}
```

图1-8　实现图1-7效果的部分CSS代码

CSS非常灵活，对于实现页面效果控制，其代码的置入有行内样式、内嵌样式及外部样式文件三种方式。当作为行内样式使用时，可以直接写入到HTML标记中；当作为内嵌样式使用时，CSS采用<style>标记符的形式集中写入到HTML的头部<HEAD>；当作为外部样式文件引入时，该独立的CSS文件必须以.css为后缀。

目前大多数的网页都是遵循Web标准开发的，即用HTML编写网页结构和内容，其页面的显示样式都使用CSS控制，从而实现内容与表现形式分离。

1.2.3 常用客户端语言简介

1. JavaScript 脚本语言

JavaScript脚本语言是一种面向浏览器的网页脚本编程语言，广泛用于客户端，用来给网页增加各种动态功能及交互效果，为用户提供更流畅美观的浏览效果。通常JavaScript脚本语言是通过嵌入或作为扩展名为.js的文件引入HTML中来实现自身功能的。用户在浏览过程中常见的下拉菜单效果、图片无缝滚动效果、标签页面切换效果等就是通过JavaScript脚本语言来实现的。

JavaScript脚本语言有以下几个特性：

1）JavaScript是一种解释性脚本语言（代码不进行预编译）。

2）主要用来向HTML（标准通用标记语言下的一个应用）页面添加交互行为。

3）可以直接嵌入HTML页面，但写成单独的js文件有利于结构和行为的分离。

4）跨平台特性，在绝大多数浏览器的支持下，可以在多种平台下运行（如Windows、Linux、Android、iOS等）。

2. JQuery

JQuery由美国人John Resig创建，其核心理念是“Write less, do more”，即写更少的代码，做更多的事情。

JQuery是继Prototype之后的又一个优秀的JavaScript框架，它是轻量级的JS库，兼容CSS3，还兼容各类浏览器。JQuery使用户能更方便地处理HTML documents、 events，实现动画效果，并且为网站提供AJAX交互。JQuery的优点是，文档说明很全，而且各种应用也有非常详细的说明，同时有许多成熟的插件可供选择。JQuery能够使用户的HTML页保持代码和内容分离。

1.3 网页制作常用工具介绍

在网页制作过程中，我们通常会首先拿到设计图，然后再开始进行切图、布局、制作。为了方便开发，我们通常会选择一些比较便捷好用的工具。代码开发工具如Notepad++、Dreamweaver、Sublime等。切图工具如Photoshop、Fireworks、画图工具等。在实际工作中，常用的切图工具是Photoshop，常用的页面制作工具是Dreamweaver。本书中的案例涉及网页制作的过程将全部使用Dreamweaver。本小节将介绍Dreamweaver工具及Photoshop工具的使用。

1.3.1 Dreamweaver工具的使用

本书使用的版本是Dreamweaver CS6。关于软件的下载安装在此略过不再介绍，直接进入到Dreamweaver工具在安装后如何使用。

双击桌面上的Dw图标，进入软件界面，如图1-9所示。

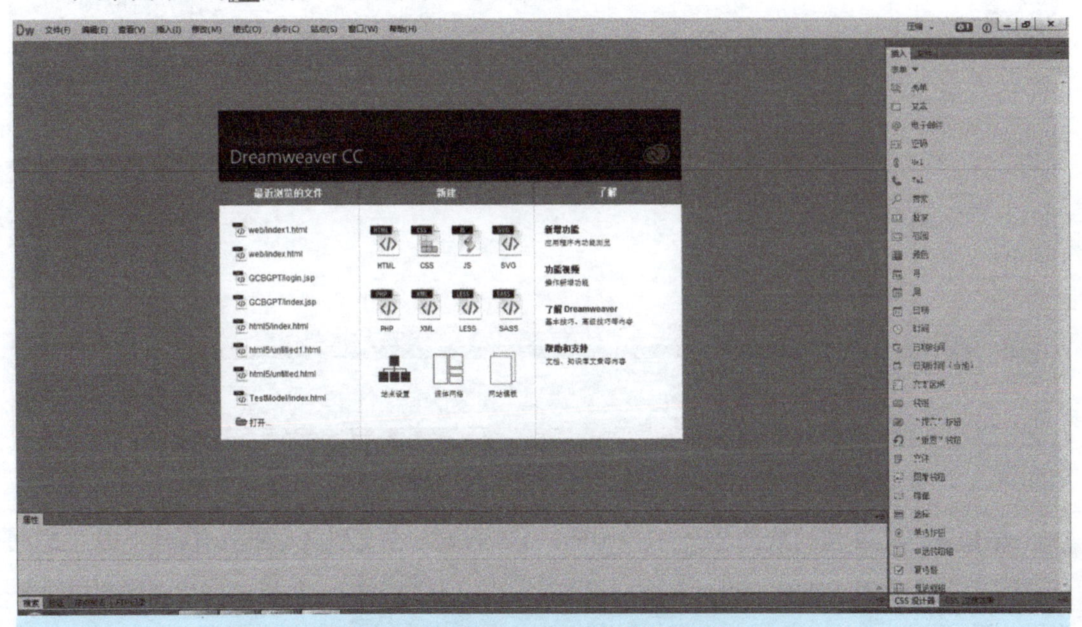

图1-9　Dreamweaver软件打开界面

接下来，选择菜单栏中的【文件】→【新建】选项，会弹出【新建文档】窗口，此时，在该窗口的右下方的【文档类型】中选择【XHTML 1.0 Transitional】，再单击【创建】按钮，如图1-10所示，即可创建一个空白的HTML文档，如图1-11所示。

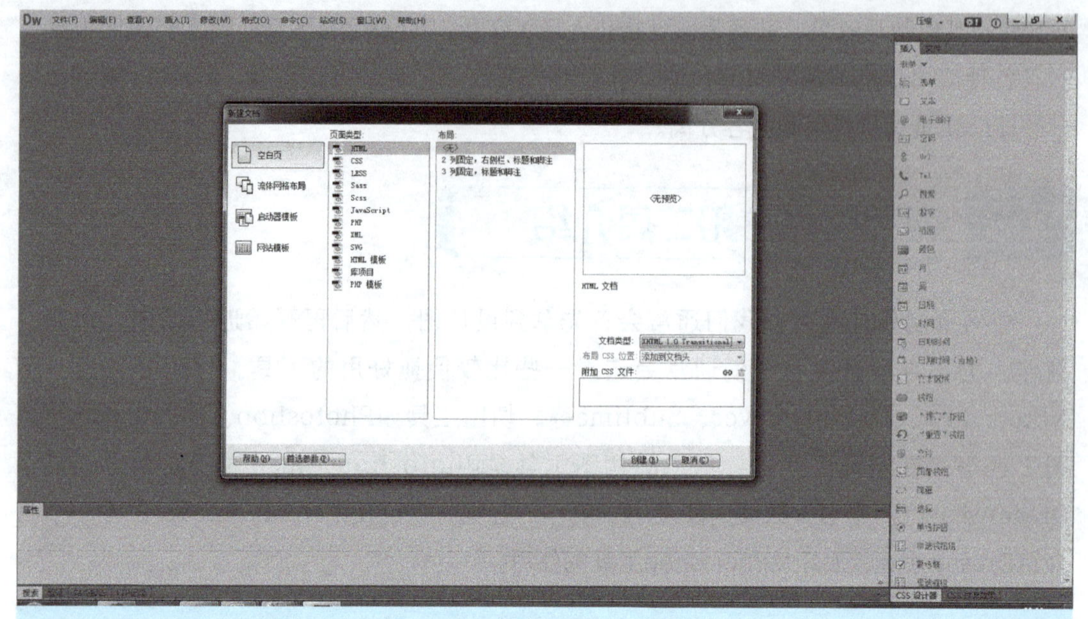

图1-10　新建HTML文档窗口

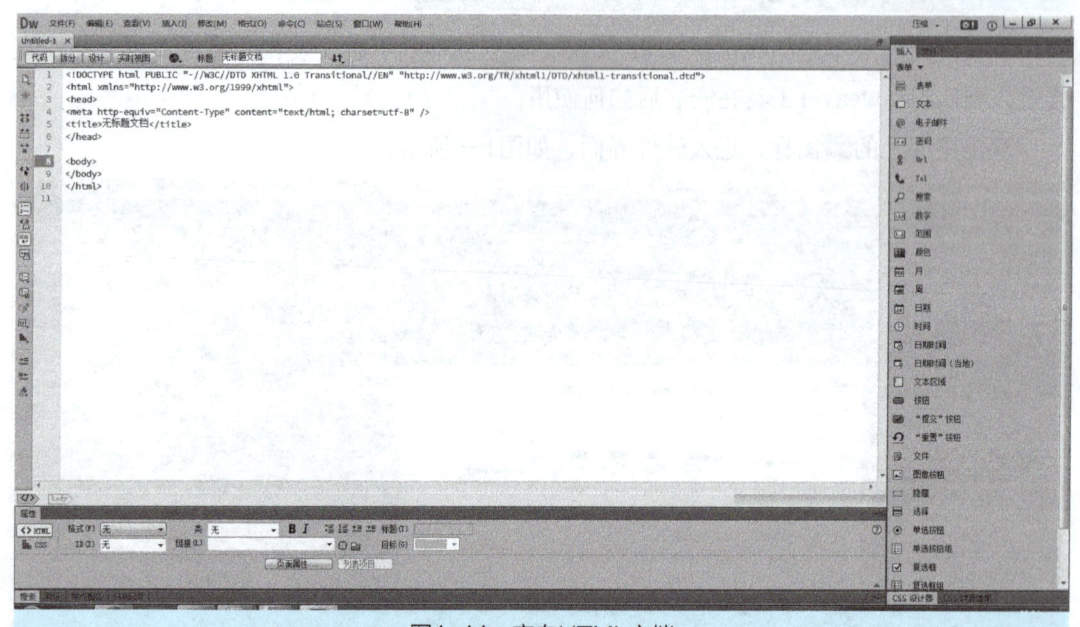

图1-11　空白HTML文档

新建HTML文档的默认名称为Untitled-1 Untitled-1 ×，在文档名称下方有4种视图方式的标签，分别为代码、拆分、设计和实时视图 代码 拆分 设计 实时视图 ，鼠标单击相应标签切换视图方式。

软件的操作界面主要由6部分组成，分别为菜单栏（图1-12）、插入栏（图1-13）、文档工具栏（图1-14）、文档窗口（图1-15）、属性面板（图1-16）及其他常用面板（图1-17）。

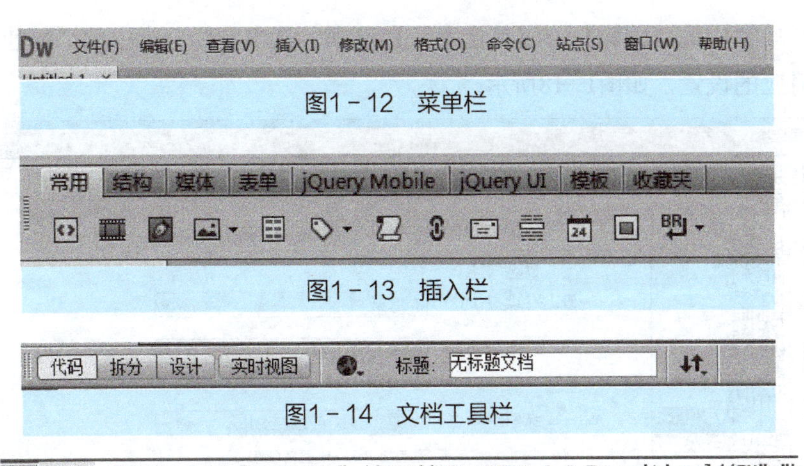

图1-12 菜单栏

图1-13 插入栏

图1-14 文档工具栏

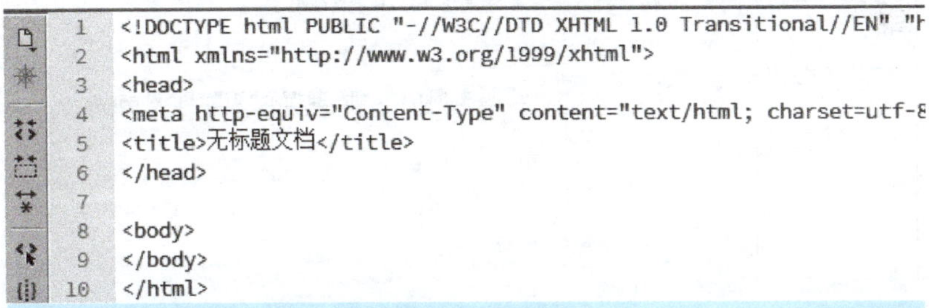

```
1  <!DOCTYPE html PUBLIC "-//W3C//DTD XHTML 1.0 Transitional//EN" "h
2  <html xmlns="http://www.w3.org/1999/xhtml">
3  <head>
4  <meta http-equiv="Content-Type" content="text/html; charset=utf-8
5  <title>无标题文档</title>
6  </head>
7
8  <body>
9  </body>
10 </html>
```

图1-15 文档窗口

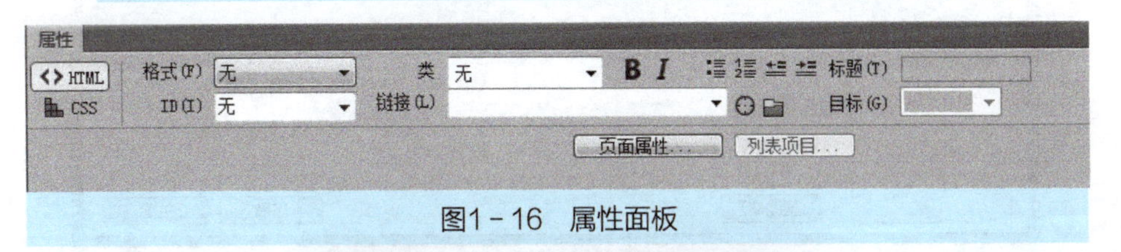

图1-16 属性面板

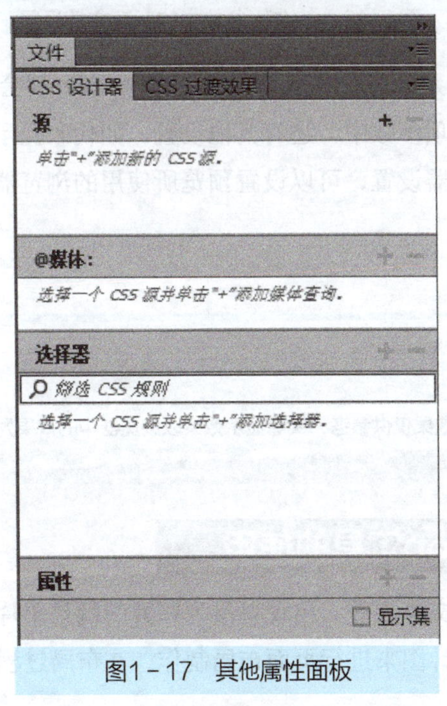

图1-17 其他属性面板

选择菜单栏中的【编辑】→【首选参数】选项，选中左侧分类中的“新建文档”，右侧会出现对应的设置，如图1-18所示。

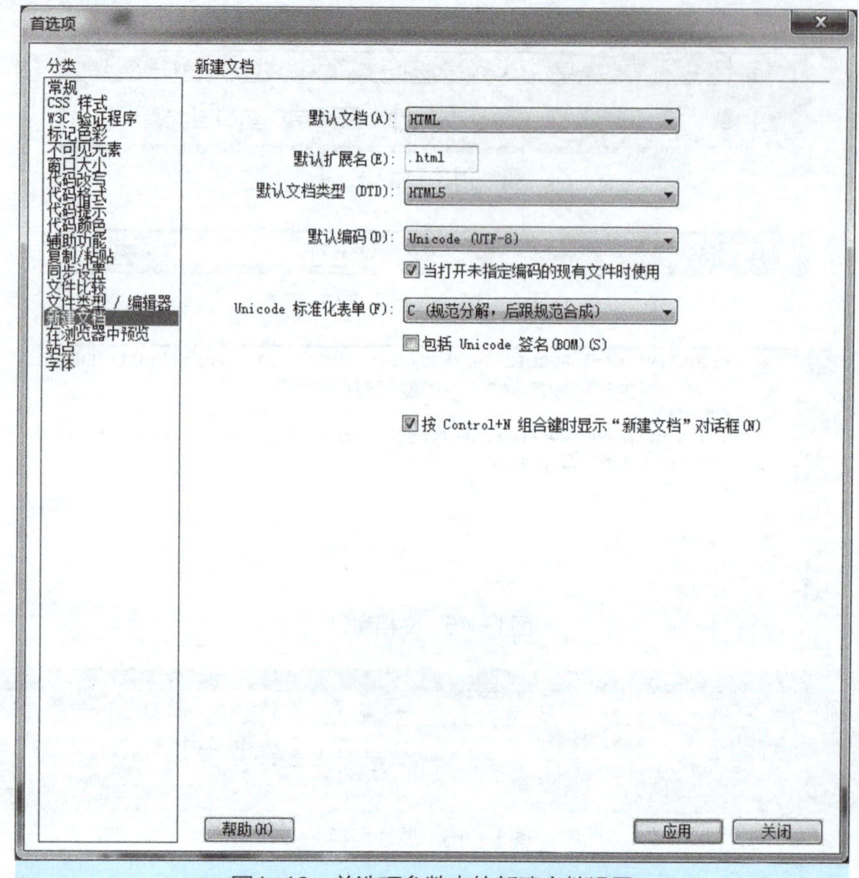

图1-18　首选项参数中的新建文档设置

设置好参数后，再新建HTML文档时，Dreamweaver就会按照修改后的设置直接生成所需要的代码。在首选项参数中，还有其他设置，如代码提示设置，开启后将大幅度提高编写代码的效率；浏览器设置，可以设置预览所使用的浏览器，也可设置浏览时使用的默认浏览器。

注意

设计视图中的显示效果仅供参考，实际显示效果以浏览器中的效果为准。

1.3.2 Photoshop工具的使用

网页中的元素，除了文本之外，出现得最为频繁的就是图片。网页制作的一般流程是拿到设计图之后，根据设计图来进行页面布局制作。在布局过程中，将会非常频繁地使用

Photoshop工具来进行切图和图片处理。Photoshop工具作为一款非常出色的图片处理工具，在网页制作过程中非常重要。

本书使用的Photoshop工具版本是Photoshop CS6。下面简单介绍一下Photoshop在网页设计的切图和图片处理过程中经常使用的一些工具。

双击桌面上的Photoshop图标Ps后将进入软件界面，如图1-19所示。

图1-19　Photoshop界面

选择【文件】→【打开】选项，即可通过浏览计算机来打开所需图片。在对设计图进行切图的过程中，常用的是“切片工具”（图1-20）和“选区工具”（图1-21）。

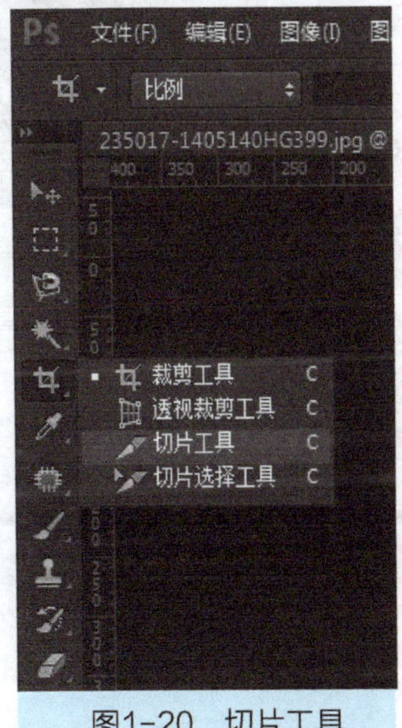

图1-20　切片工具

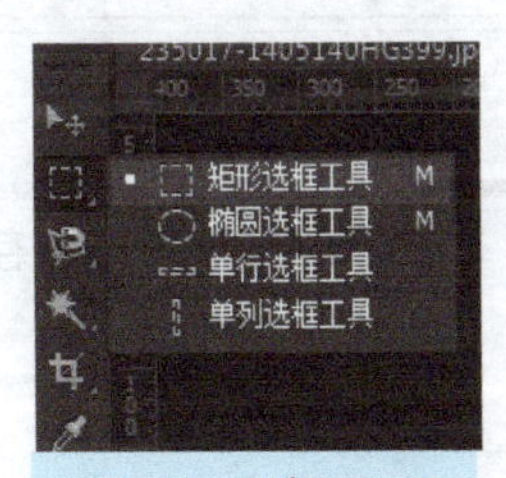

图1-21　选区工具

以上两种工具都可以对设计图进行局部选取。区别在于，切片工具可以一次性地对页面设计图进行分区选取并保存，而选区工具则一次只能针对一个区域进行选取并保存。两者各有利弊，在切图的过程中可以根据需要选择不同工具。

在对页面中所需单个或多个图片进行处理的时候，处理过程与Photoshop处理普通图片的过程一样，在此不再详细介绍。

对图片进行保存的时候，要保证该图片在浏览器中可以正常显示。选择【文件】→【存储为Web所用格式】选项，在弹出的【存储为Web所用格式】对话框（图1-22）中右侧的图片格式中选择图片格式，最常用的是GIF、JPEG及PNG格式。根据不同的显示需求来选择不同格式。图片格式的选择，有以下的几种情况。

1）当需要显示的图片较小，色彩单一的情况下，可以使用GIF格式。

2）当需要显示的图片较大，色彩非常绚丽，不希望失真的情况下，要使用JPEG格式。

3）当需要显示的图片介于以上两种情况之间时，可以使用PNG格式。

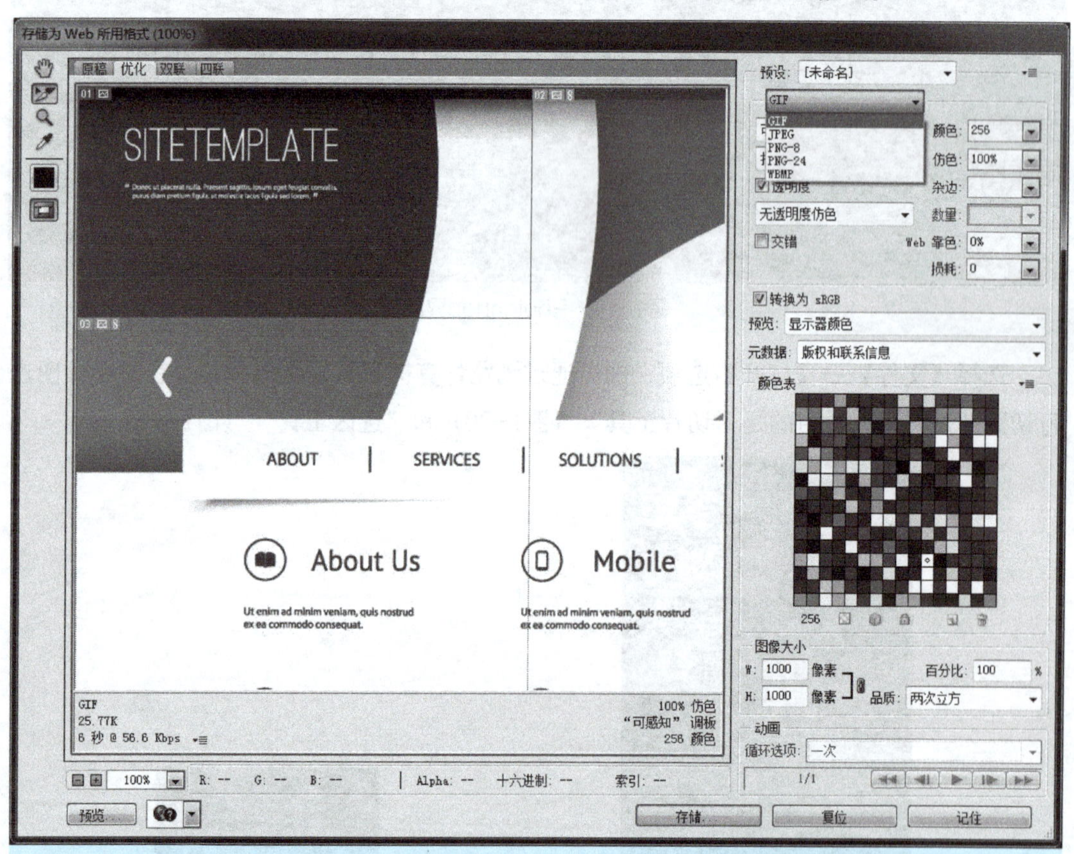

图1-22 【存储为Web所用格式】窗口及存储格式选择

第 2 章　建站规范

学习目标

1）掌握网站的相关概念。

2）了解网站的作用。

3）了解网站的分类。

4）了解网站的发展趋势。

5）掌握网站开发的具体流程。

6）了解电子公告的相关法律。

7）了解网站新闻的相关法律。

8）了解网站相关的其他法律。

网站是网络设计师应用各种网络设计技术，为企事业单位或个人在互联网（Internet）上建立的站点。网站的作用主要是展现公司形象、加强客户服务、完善网络业务。网站建设要突出个性，注重浏览者的综合感受，才能在众多的网站中脱颖而出。网站建设要遵守相关法律法规，并按网站开发流程进行。

2.1 网站建站流程

网站建设就是制作一个网站。如果没有规范的流程很难做出符合要求的网站。通常情况下，不同的公司开发网站的具体步骤会有所不同，但概括起来主要经过以下几步，如图2-1所示。

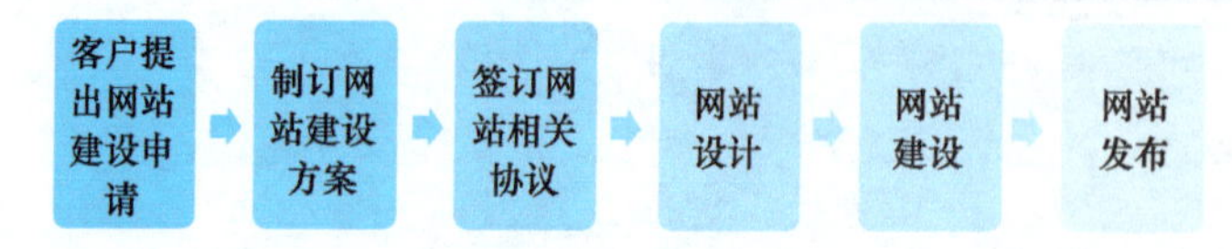

图2-1 网站开发流程

2.1.1 客户提出网站建设申请

建设网站的第一步就是，开发人员和客户进行沟通交流，弄清楚客户的要求，明确客户到底想要什么样的网站。

这一步最重要，也是最困难的环节之一。由于开发人员不是客户行业领域的专家，不熟悉客户的业务活动和业务环节，又很难在短期内搞清楚；而客户不熟悉计算机应用的相关问题，又缺乏共同语言，所以在交流时有一定困难，也容易在理解上产生分歧，为以后的工作埋下隐患。只有做好第一步，后续的工作才会良好地开展。如果第一步有问题，后面的工作将隐患重重。

在提出建设网站要求后，客户最好能提供网站相关电子版的资料，包括图片、文本等，方便开发人员对网站有更深入的理解。双方就网站建设内容进行协商、达成共识后，开发人员根据客户建设网站的标准要求、风格、难易程度及工作量确定大体的价格。如果客户满意，开发人员就具体写出客户的需求说明书，最后双方签字。

2.1.2 制订网站建设方案

这一步是以客户为中心进行策划、设计、运营和管理网站。首先要确定网站的目标用户，然后确定建设网站的目标。为了达到这个目标，要分析目标用户对站点的需求，即网站浏览者想要从网站上得到什么，以此为出发点来确定网站内容、风格、浏览器与分辨率、网络速度、交互性等相关内容。在建设时还要考虑网络技术、服务器等因素。

以上为网站规划书中应该体现的主要内容，根据不同的需求和建站目的，内容也会有所增加或减少。只有在建设网站之初进行细致的规划，才能达到预期的建站目的。

2.1.3 签订网站相关协议

双方以面谈、电话等方式，针对项目内容和具体需求进行协商，产生合同主体及细节。双方认可后，签署“网站建设开发协议”。合同附件中包含“网站建设需求书”。根据合同协议，客户支付网站建设预付款。

2.1.4 网站设计

协议签订后，就要设计网站了。在网站设计阶段要对整个网站的创意、风格、整体框架布局、文字编排、图片的合理利用、空间的合理安排等方面进行细致的考虑。

在这一步主要涉及下列相关的法律问题。

1）网页素材涉及的法律问题，主要是指资料的版权问题，要分清哪些是可用的，哪些是不可用的。

2）网页链接涉及的法律问题，主要是指不能非法链接他人的网站，如在本网站的某个区域内出现他人网站的内容而不进行说明。

3）网站收集个人信息的法律问题，主要是指个人信息的保密性。目前多数企业网站采用用户注册制度，用户在注册时需要填写个人资料。因此在注册前要有服务条款或注册相关说明，用户同意后方可注册。

2.1.5 网站建设

根据设计阶段制作的示范网页，通过Dreamweaver等软件在各个具体网页中添加实际内容，包括文本、图像、声音、Flash、视频以及其他多媒体信息，完成整体网站的建设。网站建设的基本步骤如下。

1）资料收集。收集的内容包括与主题相关的文字和图片资料、页面模版、交互页面、开源代码。

2）网页模型设计。根据事先规划的结构，在平面软件里设计网站的最终效果图，并以平面图片的形式展示给客户，与客户及时沟通，及时发现并解决问题。

3）代码编写。将平面界面转化为HTML代码，添加相应的网页功能，如Js脚本、按钮、表单以及一些与数据库相关的操作代码。

网站建设完成后，根据客户需求，要对网站进行发布前的测试。网站测试主要包括可用性测试、兼容性测试和负载测试。

2.1.6 网站发布

网站测试完成后，如果各项功能和性能满足客户的需求，整个网站的建设就完成了。

接下来客户根据网站建设协议的内容进行验收工作，验收合格后，根据签订的协议，客户支付余款，即可进行网站发布。网站发布到Web服务器上，才能够让他人浏览观看。现在上传的工具有很多，有些网页制作工具本身就带有FTP功能，利用这些FTP工具，可以很方便地把网站发布到相关服务器上。

网站发布流程主要包括申请域名(即网址)、购买空间(即存放网站文件的磁盘空间)、网站页面上传和备案。

2.2 网站分类

2.2.1 网站分类

网站按不同的方法可划分为不同的类型，分类方法主要有以下几种。

1）根据网站所用编程语言分类，可以分为ASP网站、PHP网站、JSP网站、ASP.NET网站等。

2）根据网站的用途分类，可以分为门户网站（综合网站）、行业网站、娱乐网站等。

3）根据网站的功能分类，可以分为单一网站（企业网站）、多功能网站（网络商城）等。

4）根据网站的持有者分类，可以分为个人网站、商业网站、政府网站、教育网站等。

5）根据网站的商业目的分类，可以分为营利型网站（行业网站、论坛）、非营利型网站（企业网站、政府网站、教育网站）。

2.2.2 网站的发展趋势

新业务的发展带动了互联网新一轮并购潮。强势网络媒体通过并购实现了多元化发展，有潜力的Web 2.0网站是主要的收购目标，其中以Google收购You Tube、Double Click为代表。

视频、社交是互联网新时代的应用。网络视频服务开始成为人们登录互联网的主要需求之一。Web 2.0的互动性为社交类网站带来了大量的网络广告收入，如微博等。

社区网站将左右未来的网络竞争格局。传统网络巨头在保持特色服务的基础上，通过多元化发展，巩固其强势地位。社区性所体现的理念是，无论交友、浏览信息、网上交易、娱乐，还是其他行为，这些网络服务都是网民日常生活中一个不可缺少的元素。

浏览平台正在发生变化。随着国内4G网络的普及，手机上网速度越来越快，手机端用户也越来越多，网站运营商抓住这部分人的需求，大力推行移动客户端。这也是网络的一个发展趋势。

从内容形式的变化上看，现在的网站大多以提供内容为主，如新闻、产品信息等。有些网站以提供服务为主，一些软件公司推广他们的网上软件服务，即用户不用下载安装就可以直接在网上使用的软件，如Photoshop软件，用户不用安装此软件，直接进入一个网站就可以完成图片处理的所有操作。

Web技术的发展给网页带来了新的内容，如Ajax、RIA等。随着网络速度的提高和技术的发展，网站上还出现了虚拟现实（VR）类的应用，更好地提高了用户的体验与交互。

2.3 网站设计规范

网页设计是一件很烦琐的事情，因为在设计时要考虑很多因素。为了简化网页设计工作，这里列举了网站设计者的行为准则，包括能做什么，不能做什么。

2.3.1 规范操作

1. 在不同设备上采用相似的设计

用户可以通过不同类型的设备访问网站，这些设备包括台式计算机、平板、手机、音乐播放器甚至是智能手表等。无论用户使用什么设备访问你的网站，都要确保他们具有类似的体验，这是用户体验设计中的一条重要标准。

2. 导航的设计要简单易用、清晰明了

导航设计是网页可用性的基础。导航设计要遵循以下原则。

1）简单，每个网站都应该有尽可能简单的结构。

2）清晰，导航的每一项对用户而言，都应该是清楚的。

3）一致，网站的导航页面在每一页中都应该是相同的。

4）用户能够以最少的点击次数，最快地到达他们想要浏览的网页，这也是导航设计的目的。

3. 改变访问过的链接的颜色

链接是导航的一个关键因素，假如用户点击过的链接没有改变颜色，很可能导致用户多次点击同一个链接。

4. 让页面浏览变得更容易

用户浏览网页时，并不是通读所有的内容，而是快速地浏览整个网页。因此，如果用户来到这个网站，是为了寻找特定的内容或者是完成某个任务，那么他们会先浏览整个网页，直到找到自己想要去的页面。因此，作为网页设计者的我们，应该通过设计网站可视化的层级架构帮助这些用户尽快达成自己的目的。可视化的层级架构意味着网页上每个元素的摆放或呈现都具有权重（比如说，我们的设计决定了用户先看到哪个，再看到哪个，最后看到哪个）。

在设计网站时，要确保网页标题、登录注册按钮、导航栏或其他同等重要的元素放在用户很容易看到的地方，以减少用户寻找的时间。

5. 仔细检查所有的链接

当用户点击网站上的一个链接，页面上却出现404错误时，用户很容易变得失望。当用户在网站上寻找内容时，他们希望自己点击的链接恰好是自己正在寻找的那个，而不是出现404的错误页面，或者点进去后，却发现是不相关的内容页面。

6. 正确、合理地运用视觉元素

一个物体的样子会告诉用户如何使用它。看起来像按钮或链接的视觉元素如果不能点击，很容易对用户造成困扰。这些视觉元素包括文字下划线、按钮图标、拥有动画效果的元素等。用户要能通过视觉元素知道界面上哪些区域是纯静态内容，哪些区域是可以点击的。

2.3.2 不规范的操作

1. 让用户等待

网站用户的耐心是非常少的，注意力不会长时间集中在一个任务。研究表明，10s是用户集中注意力完成一个任务的极限。

当用户在等待内容加载时，他们很可能会因加载速度慢而变得失望，甚至会离开这个网站，即使是足够漂亮的加载动画设计也无法改变这个结果。

2. 在新标签页打开链接

在新标签页打开链接的设计让用户无法使用“返回”按钮返回之前的页面，这是非常不好的设计。

3. 整个网站充斥着广告

广告会掩盖网站里的内容，也会让用户很难集中注意力去完成任务，更不用说那些看起来像广告的内容常常会被用户忽略（这种现象被称为“旗帜盲点”）。

4. 滚动劫持（Hijack Scrolling）

滚动劫持是指网站的设计者或开发者控制滚动条，从而使用户在滚动鼠标滑轮时，会在网站上看到不同的效果，包括动画效果、固定的滚动点或是重新设计过的滚动条。滚动劫持是用户最不喜欢的设计之一，因为它夺取了用户控制滚动条的权力。当设计网站时或设计用户界面时，应该让用户自己决定浏览网页或APP的位置。

5. 为了网站的美观牺牲网站的可用性

网站或用户界面不能让外观影响到用户的浏览体验。最好不要在文字后使用繁杂的背景，也不要使用影响用户阅读的配色方案。

第3章 HTML基础

学习目标

1）了解HTML文档基本格式。

2）掌握HTML的常用标记。

3）掌握HTML的文本格式化标记。

4）理解标记中属性的使用。

HTML（超文本标记语言）作为一门标记语言，里面包含了段落标记、标题标记、图像标记和超链接标记等很多标记内容。那么，HTML是如何形成网页的，如何使用这些标记去书写网页内容呢？本章将对HTML文档基本格式、HTML常用标记、HTML文本格式化标记和标记中属性的使用进行详细讲解。

3.1 HTML页面的形成

3.1.1 HTML文档的基本格式

学习制作HTML页面之前，要先掌握HTML的基本格式，使用Dreamweaver新建HTML文档，新建文档会自带一些源代码，这些源代码就组成了HTML文档的基本格式，如demo3-1所示。

demo3-1

```
1  <!DOCTYPE html PUBLIC "-//W3C//DTD XHTML 1.0 Transitional//EN" "http://www.w3.org/TR/xhtml1/DTD/xhtml1-transitional.dtd">
2  <html xmlns="http://www.w3.org/1999/xhtml">
3  <head>
4  <meta http-equiv="Content-Type" content="text/html; charset=utf-8" />
5  <title>无标题文档</title>
6  </head>
7  
8  <body>
9  </body>
10 </html>
11 
```

在HTML文档基本格式中从上到下依次包含了<!DOCTYPE>标记、<html>标记、<head>标记、<meta>标记、<title>标记和<body>标记，这些标记的含义和用法具体介绍如下。

1. <!DOCTYPE> 标记

<!DOCTYPE>标记位于HTML文档的最前面，用于声明文档类型是HTML，并告知浏览器使用的是哪种HTML或XHTML标准规范，如demo3-1中使用的是Dreamweaver默认的XHTML1.0过渡型XHTML文档。本书中所有案例均采用XHTML1.0过渡型XHTML文档。

2. <html></html> 标记

<html>标记位于<!DOCTYPE>标记之后，称为HTML文档的根标记，<html>标记标志着HTML文档的开始，最末尾的</html>标记标志着HTML文档的结束，在<html>标记和</html>标记中间的是HTML文档的头部和主体部分。

在<html>之后的代码“xmlns=“http://www.w3.org/1999/xhtml””用于声明XHTML统一的默认命名空间。

3. <head></head> 标记

<head>标记紧跟在<html>标记之后，也称为头部标记，用于标记HTML文档的头部信息，其中包含了<meta>标记、<link>标记、<style>标记和<title>标记等，用于描述文档的标题、作者以及和其他文档的关系等信息。在头部标记中，除了页面的标题，其他的信息都不会显示在页面中。一个HTML文档只有一对<head></head>标记。

4. <meta /> 标记

<meta />标记用于定义页面的元信息，可重复出现在<head>头部标记中。<meta />标记本身不包含任何内容，通过“名称/值”的形式成对地使用，其属性可定义页面的相关参数，基本语法如下。

```
<meta name="名称" content="值" />
```

下面介绍<meta />标记的几种用法。

1）<meta content="聊城职业技术学院" name="keywords" />

设置网页关键字，name属性的值“keywords”为关键字，content属性的值是定义关键字的内容。

2）<meta content="聊城职业技术学院位于山东省聊城市花园北路133号，是一所专科层次的公办全日制普通高等学校，招生处咨询电话：0635-8334937，就业处咨询电话：0635-8331010。"name="description"/>

设置网页描述，name属性的值“description”为描述，content属性的值是定义网页描述的具体内容。

3）<meta name="author" content="聊城职业技术学院"/>

设置网页作者，name属性的值“author”为作者，content属性的值是定义作者的具体信息。

<meta />标记还有另外一种形式，例如HTML文档基本格式中的定义。

```
<meta http-equiv="Content-Type" content="text/html; charset=utf-8" />
```

在<meta>标记中使用http-equiv/content属性可以设置服务器发送给浏览器的HTTP头部信息，为浏览器显示该页面提供相关的参数。其中，http-equiv属性提供参数类型，content属性提供对应的参数值。

5. <title></title> 标记

<title>标记用于定义HTML页面的标题，即网页的标题，其基本语法格式如下：

```
<title>网页标题名称</title>
```

下面以一个案例来演示<title>标记的用法，见demo3-2。

demo3-2

```
1  <!DOCTYPE html PUBLIC "-//W3C//DTD XHTML 1.0 Transitional//EN" "http://www.w3.org/TR/xhtml1/DTD/xhtml1-transitional.dtd">
2  <html xmlns="http://www.w3.org/1999/xhtml">
3  <head>
4  <meta http-equiv="Content-Type" content="text/html; charset=utf-8" />
5  <title>我的第一个网页</title>
6  </head>
7
8  <body>
9  <p>我的第一个网页</p>
10 </body>
11 </html>
```

demo3-2中的第5行代码使用<title>标记设置页面的标题。

运行代码，在浏览器窗口显示的页面效果如图3-1所示。

图3-1　设置<title>效果

方框内的内容就是<title>标记的内容。

6. <body></body> 标记

<body>标记也称为主体标记，用于书写网页的内容信息，网页中的文字、图片、视频和音频等信息都必须位于<body>标记内，<body>标记中的信息才是最终展示给用户看的。

一个HTML文档只有一对<body></body>标记，位于<head></head>标记之后，和<head></head>标记是并列关系。

3.1.2 双标记和单标记

在HTML中，带有“<>”符号的元素都被称为HTML标记，上面提到的<html><head><body>等都是HTML标记，可以注意到有的标记是一对的，比如<head></head>标记，而有的是单独的，比如<meta />标记。为了方便学习和理解，HTML标记被分为双标记和单标记两大类，下面具体介绍。

1. 双标记

双标记是指由开始和结束两个标记组成的标记，其基本语法格式如下。

```
<标记名>内容</标记名>
```

该语法中，“<标记名>”标志着标记的开始，一般称为“开始标记”，“</标记名>”标志着标记的结束，一般称为“结束标记”。与开始标记相比，结束标记前面多了一个关闭符“/”。

例如，在demo3-2中的第5行代码：

```
<title>我的第一个网页</title>
```

其中，<title>表示一个页面标题标记的开始，而</title>表示一个页面标题标记的结束，在它们之间是页面标题内容。

2. 单标记

单标记是指用一个标记符号即可完整地描述某个功能的标记，其基本语法格式如下。

```
<标记名 />
```

例如，在demo3-2中的第4行代码：

```
<meta http-equiv="Content-Type"content="text/html; charset=utf-8"/>
```

<meta />标记为单标记，其后面的“http-equiv="Content-Type"”和“content="text/html；charset=utf-8"”为meta标记的属性和属性值。

3.1.3 标记的属性

在HTML文档中，HTML标记通常和属性配合使用，能够使文字有更多的显示方式，其基本语法格式如下。

```
<标记名 属性1="属性值" 属性2="属性值" …>内容</标记名>
```

从上面的语法可以看出，一个标记后面可以有多个属性，属性必须写在标记名的后面，属性之间不分先后顺序，标记名与属性、属性与属性之间均以空格隔开。任何标记都有一个默认值，省略属性时则取默认值。例如段落标记<p>的对齐属性align的语法格式如下。

```
<p align="对齐方式">段落文本</p>
```

采用不同表述的对齐属性的举例如下。

```
<p>段落标记，不写属性</p>
<p align="left">段落标记，带有对齐属性align,左对齐</p>
<p align="center">段落标记，带有对齐属性align,居中对齐</p>
<p align="right">段落标记，带有对齐属性align,右对齐</p>
```

属性名为align，对应有三个属性值left（左对齐）、center（居中对齐）和right（右对齐），如果省略不写align，段落文本默认左对齐，即<p></p>和<p align="left"></p>效果相同。下面以案例demo3-3进行具体演示。

demo3-3

```
1  <!DOCTYPE html PUBLIC "-//W3C//DTD XHTML 1.0 Transitional//EN" "http://www.w3.org/TR/xhtml1/DTD/xhtml1-transitional.dtd">
2  <html xmlns="http://www.w3.org/1999/xhtml">
3  <head>
4  <meta http-equiv="Content-Type" content="text/html; charset=utf-8" />
5  <title>段落标记属性</title>
6  </head>
7
8  <body>
9  <p>段落标记，不写属性</p>
10 <p align="left">段落标记，带有对齐属性align,左对齐</p>
11 <p align="center">段落标记，带有对齐属性align,居中对齐</p>
12 <p align="right">段落标记，带有对齐属性align,右对齐</p>
13 </body>
14 </html>
```

在浏览器中运行效果如图3-2所示。

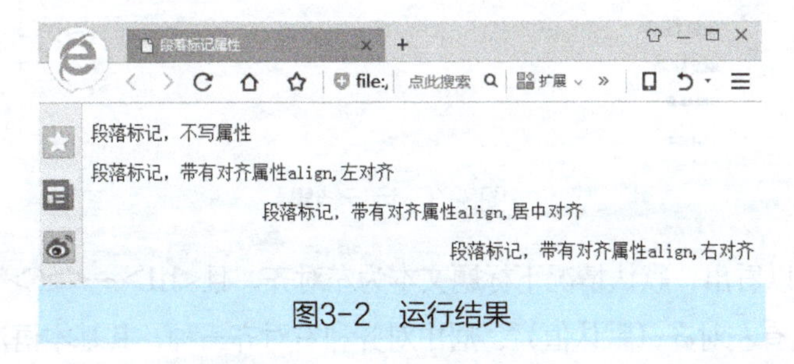

图3-2　运行结果

从效果图中可以看出，段落标记加上对齐属性align，文本显示有了多种方式，而且<p>不加属性align时，文本默认左对齐。

3.2 HTML文本控制标记

在一个网页中，文字性的内容居多，为了让文字排版整齐，结构清晰，HTML提供了一系列的文本控制标记，比如标题标记<hn>、段落标记<p>等，下面我们具体介绍这些标记。

3.2.1 标题和段落标记

1．标题标记

网页中的文章都会有一个标题，HTML提供了6个等级的标题标记，分别为<h1><h2><h3><h4><h5>和<h6>，其基本语法格式如下。

```
<hn>标题文本</hn>
```

该语法中n的取值范围是1～6，下面通过一个简单的例子来说明标题标记的用法，见demo3-4。

demo3-4

```
1  <!DOCTYPE html PUBLIC "-//W3C//DTD XHTML 1.0 Transitional//EN" "http://www.w3.org/TR/xhtml1/DTD/xhtml1-transitional.dtd">
2  <html xmlns="http://www.w3.org/1999/xhtml">
3  <head>
4  <meta http-equiv="Content-Type" content="text/html; charset=utf-8" />
5  <title>标题标记</title>
6  </head>
7  
8  <body>
9  <h1>1级标题</h1>
10 <h2>2级标题</h2>
11 <h3>3级标题</h3>
12 <h4>4级标题</h4>
13 <h5>5级标题</h5>
14 <h6>6级标题</h6>
15 </body>
16 </html>
```

在demo3-4中，分别使用<h1>～<h6>标记设置了6种标题，运行结果如图3-3所示。

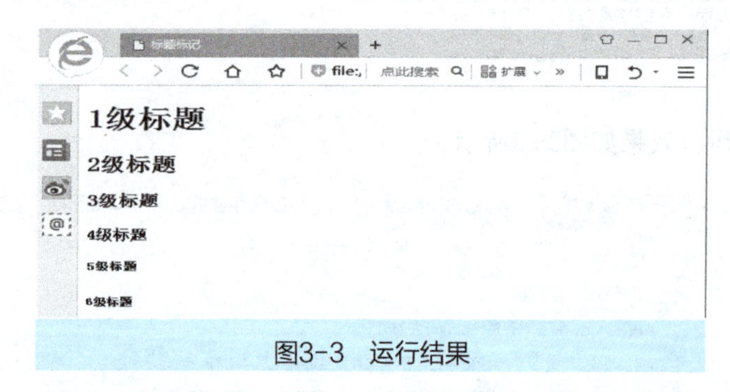

图3-3　运行结果

从图3-3中可以看出，默认情况下标题文本为左对齐，且<h1>～<h6>字号依次递减。标题文本的对齐方式有左对齐（默认值）、居中对齐和右对齐三种，其基本语法格式如下：

```
<hn align="对齐方式">标题文本</hn>
```

举例见demo3-5。

demo3-5

```
1  <!DOCTYPE html PUBLIC "-//W3C//DTD XHTML 1.0 Transitional//EN" "http://www.w3.org/TR/xhtml1/DTD/xhtml1-transitional.dtd">
2  <html xmlns="http://www.w3.org/1999/xhtml">
3  <head>
4  <meta http-equiv="Content-Type" content="text/html; charset=utf-8" />
5  <title>标题标记属性</title>
6  </head>
7
8  <body>
9  <h1>1级标题，默认左对齐</h1>
10 <h2 align="left">2级标题，设置左对齐</h2>
11 <h3 align="center">3级标题，设置居中对齐</h3>
12 <h4 align="right">4级标题，设置右对齐</h4>
13 </body>
14 </html>
```

在浏览器中的运行结果如图3-4所示。

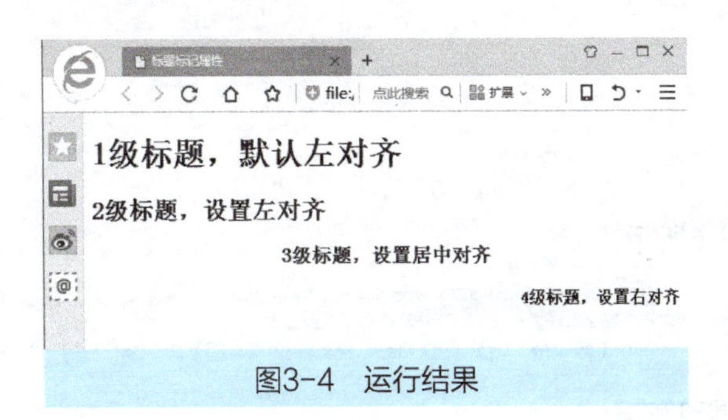

图3-4　运行结果

2．段落标记

网页中的文章内容可以分为几个段落，段落的标记是<p>，其基本语法格式如下。

```
<p>段落内容</p>
```

下面通过demo3-6所示的简单例子来说明段落标记的用法。

demo3-6

```
1  <!DOCTYPE html PUBLIC "-//W3C//DTD XHTML 1.0 Transitional//EN" "http://www.w3.org/TR/xhtml1/DTD/xhtml1-transitional.dtd">
2  <html xmlns="http://www.w3.org/1999/xhtml">
3  <head>
4  <meta http-equiv="Content-Type" content="text/html; charset=utf-8" />
5  <title>段落标记</title>
6  </head>
7
8  <body>
9  <p>段落1的内容</p>
10 <p>段落2的内容</p>
11 </body>
12 </html>
```

在浏览器中的运行结果如图3-5所示。

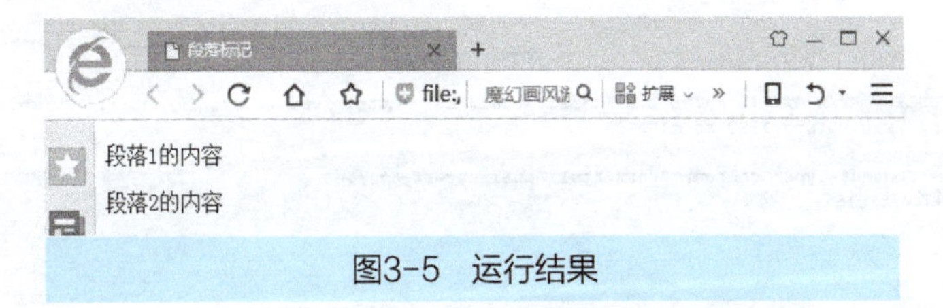

图3-5　运行结果

从图3-5中可以看出，使用<p>标记，每个段落都会单独显示，并且在段落之间有一定的间隔距离。

3．水平线标记

在网页中常会看到用水平线将段落与段落之间隔开，这些水平线可以用插入图片来实现，也可以通过水平线标记<hr/>来实现。<hr/>标记是一个单标记，其基本语法格式如下。

```
<hr/>
```

下面通过demo3-7所示的简单例子来说明水平线标记的用法。

demo3-7

```
1  <!DOCTYPE html PUBLIC "-//W3C//DTD XHTML 1.0 Transitional//EN" "http://www.w3.org/TR/xhtml1/DTD/xhtml1-transitional.dtd">
2  <html xmlns="http://www.w3.org/1999/xhtml">
3  <head>
4  <meta http-equiv="Content-Type" content="text/html; charset=utf-8" />
5  <title>水平线标记</title>
6  </head>
7
8  <body>
9  <p>段落1的内容</p>
10 <hr />
11 <p>段落2的内容</p>
12 </body>
13 </html>
```

运行结果如图3-6所示。

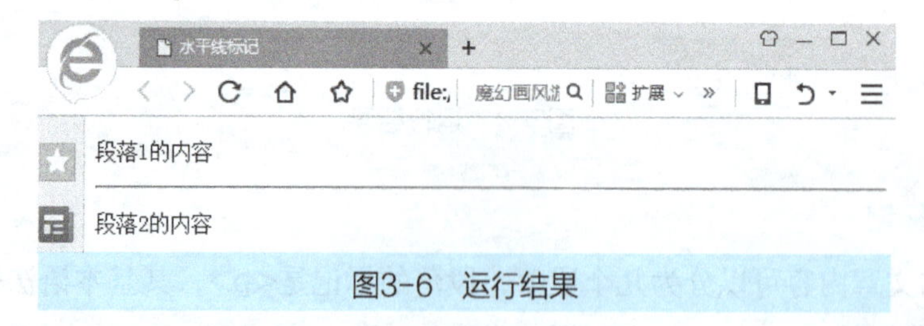

图3-6　运行结果

水平线标记也有一些常用属性，见表3-1。

表 3-1　水平线标记常用的属性

属性名	含义	属性值
align	设置水平线的对齐方式	可选择left（左对齐）、right（右对齐）、center（居中对齐）三种值，默认为center
size	设置水平线的粗细	以像素为单位，默认为2像素
color	设置水平线的颜色	可用颜色名称、十六进制#RGB、rgb(r,g,b)
width	设置水平线的宽度	可以是确定的像素值，也可以是浏览器窗口的百分比，默认为100%

下面通过demo3-8所示的例子来演示水平线标记属性的用法。

demo3-8

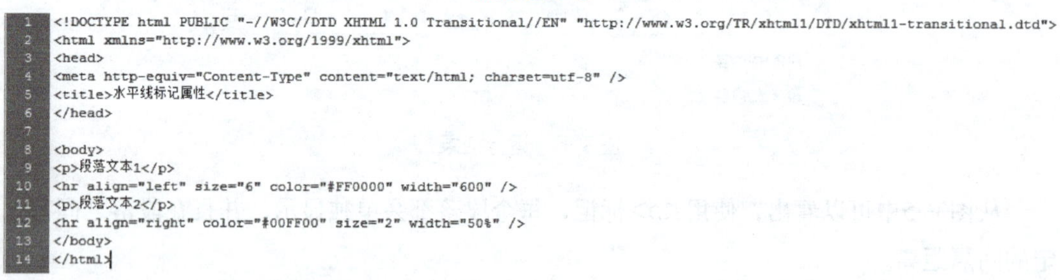

```
1  <!DOCTYPE html PUBLIC "-//W3C//DTD XHTML 1.0 Transitional//EN" "http://www.w3.org/TR/xhtml1/DTD/xhtml1-transitional.dtd">
2  <html xmlns="http://www.w3.org/1999/xhtml">
3  <head>
4  <meta http-equiv="Content-Type" content="text/html; charset=utf-8" />
5  <title>水平线标记属性</title>
6  </head>
7
8  <body>
9  <p>段落文本1</p>
10 <hr align="left" size="6" color="#FF0000" width="600" />
11 <p>段落文本2</p>
12 <hr align="right" color="#00FF00" size="2" width="50%" />
13 </body>
14 </html>
```

在案例中对<hr/>标记分别设置了不同的对齐方式、粗细、颜色和宽度值。

在浏览器中的运行结果如图3-7所示。

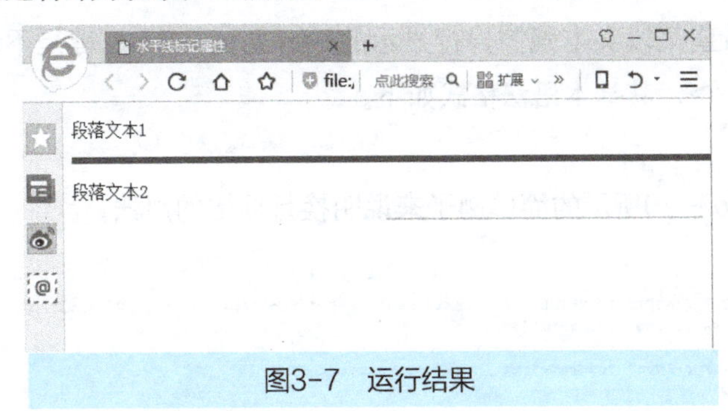

图3-7 运行结果

4. 文本样式标记

在网页中，文本的显示多种多样，字号、字体和颜色都可以通过文本样式标记来设置，其基本语法格式如下。

```
<font 属性="属性值">文本内容</font>
```

font标记常用的属性有3个，见表3-2。

表3-2 font标记常用的属性

属性名	含义
face	设置文字的字体，例如微软雅黑、黑体、宋体等
size	设置文字的大小，可以取1～7之间的整数值
color	设置文字的颜色

下面通过demo3-9所示的简单例子来说明文本样式标记和属性的用法。

demo3-9

```
1  <!DOCTYPE html PUBLIC "-//W3C//DTD XHTML 1.0 Transitional//EN" "http://www.w3.org/TR/xhtml1/DTD/xhtml1-transitional.dtd">
2  <html xmlns="http://www.w3.org/1999/xhtml">
3  <head>
4  <meta http-equiv="Content-Type" content="text/html; charset=utf-8" />
5  <title>font标记属性</title>
6  </head>
7  
8  <body>
9  <p>html默认段落样式文本</p>
10 <p><font face="黑体">黑体默认字号文本</font></p>
11 <p><font size="+3">增大3号的文本</font></p>
12 <p><font color="#FF0000">红色文本</font></p>
13 </body>
14 </html>
```

运行结果如图3-8所示。

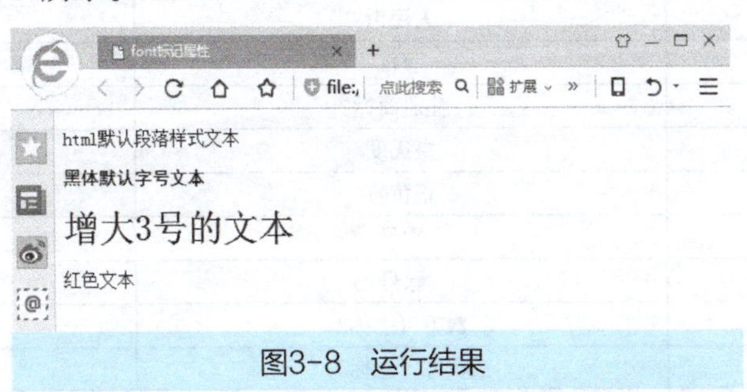

图3-8 运行结果

5．换行标记

在HTML文档中，一个段落中的文字从左到右依次排列，直到浏览器窗口的右端才会自动换行，如果希望某段文本强制换行显示的话，直接按Enter键是不起作用的，这就用到了换行标记
，其基本语法格式如下。

```
<br/>
```

下面通过demo3-10所示的简单例子来说明换行标记的用法。

demo3-10

```
1  <!DOCTYPE html PUBLIC "-//W3C//DTD XHTML 1.0 Transitional//EN" "http://www.w3.org/TR/xhtml1/DTD/xhtml1-transitional.dtd">
2  <html xmlns="http://www.w3.org/1999/xhtml">
3  <head>
4  <meta http-equiv="Content-Type" content="text/html; charset=utf-8" />
5  <title>换行标记</title>
6  </head>
7
8  <body>
9  <p>我们要用HTML中的换行标记实现换行，在这个地方通过br标记<br />换行，后面的文字就会在第二行显示</p>
10 </body>
11 </html>
```

运行结果如图3-9所示：

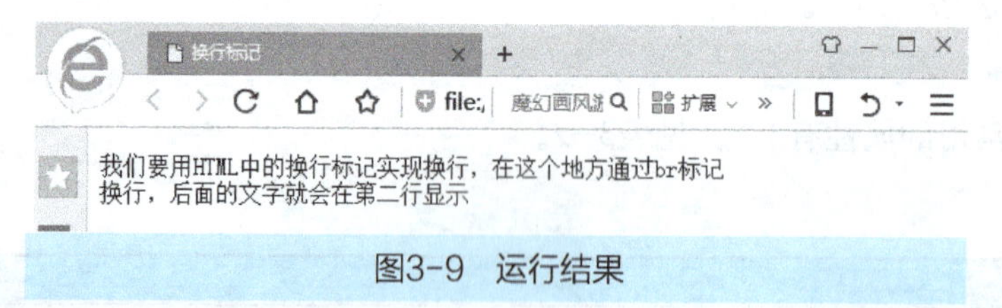

图3-9　运行结果

3.2.2 特殊字符标记

在制作网页时，有时候会用到一些特殊字符，例如网页最下方一般会有版权信息©符号，网页中的文章也会首行缩进2个字，在Word中通常按空格符就能实现缩进，但是在网页中按空格键是实现不了缩进的，必须得用网页中的空格符 ，还有“>”“<”等符号，这些都是网页中的特殊字符。网页中常见的特殊字符见表3-3。

表 3-3　网页中常见的特殊字符

特殊字符	描述	字符的代码
	空格符	
<	小于号	<
>	大于号	>
&	和号	&
¥	人民币	¥
©	版权	©
®	注册商标	®
°	摄氏度	°
±	正负号	±
×	乘号	×
÷	除号	÷
2	二次方（上标2）	²
3	三次方（上标3）	³

从表3-3中可以看出，特殊字符代码都是以“&”为前缀，字符名称为主体，最后由英文状态下的“;”为结尾。在网页中需要用到这些特殊字符时，直接输入字符代码即可。下面以demo3-11所示的案例来说明特殊字符的用法。

demo3-11

```
<!DOCTYPE html PUBLIC "-//W3C//DTD XHTML 1.0 Transitional//EN" "http://www.w3.org/TR/xhtml1/DTD/xhtml1-transitional.dtd">
<html xmlns="http://www.w3.org/1999/xhtml">
<head>
<meta http-equiv="Content-Type" content="text/html; charset=utf-8" />
<title>特殊字符标记</title>
</head>

<body>
<p>     按空格键使段落首行缩进2个字符（不起任何作用）</p>
<p>    使用空格字符使段落首行缩进2个字符</p>
<p>版权所有&copy;聊城职业技术学院信息学院</p>

</body>
</html>
```

运行结果如图3-10所示。

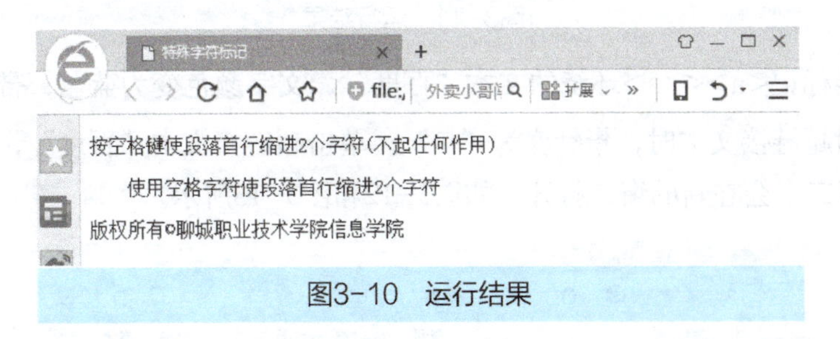

图3-10 运行结果

需要注意的是，在使用空格符“ ”时，不同浏览器对空格符的解析是不一样的，所以在不同的浏览器中显示效果也不一样。

3.2.3 超链接标记和注释标记

1. 超链接标记

HTML中文名称为“超文本标记语言”，这里的“超”字代表的就是网页中的超链接，一个网站通常由多个网页组成，要从一个页面跳转到另一个页面，就需要添加超链接。超链接的基本语法格式如下。

```
<a href="跳转目标" target="目标窗口的弹出方式">文本或图像</a>
```

在上面的语法中，<a>标记用于定义超链接，但其后面必须有“href”属性，用于指定链接目标的地址。当<a>标记有了“href”属性时，它才具有超链接的功能，否则是无法实现跳转功能的。“target”属性用于定义链接页面打开的方式，其取值有_self（默认值，在原窗口中打开）和_blank（在新窗口中打开）两种，下面以demo3-12所示的案例来说明<a>标记的用法。

demo3-12

```
<!DOCTYPE html PUBLIC "-//W3C//DTD XHTML 1.0 Transitional//EN" "http://www.w3.org/TR/xhtml1/DTD/xhtml1-transitional.dtd">
<html xmlns="http://www.w3.org/1999/xhtml">
<head>
<meta http-equiv="Content-Type" content="text/html; charset=utf-8" />
<title>超链接标记</title>
</head>

<body>
<a href="http://www.baidu.com" target="_self">百度</a>在原窗口中打开页面<br />
<a href="http://www.baidu.com" target="_blank">百度</a>在新窗口中打开页面
</body>
</html>
```

在案例中创建了2个超链接，目标都是百度，第一个通过target属性定义在原窗口打开，第二个通过target属性定义在新窗口中打开。

运行结果如图3-11所示。

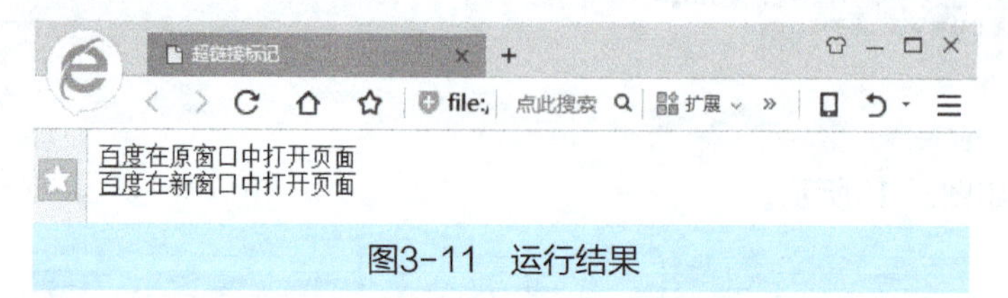

图3-11　运行结果

被超链接标记<a></a>环绕的文本“百度”，文字颜色变为蓝色，带有下划线，并且鼠标移动到超链接文本时，指针变为“☝”。单击超链接文本“百度”，第一个会在原窗口打开，第二个会在新的窗口打开，如图3-12和图3-13所示。

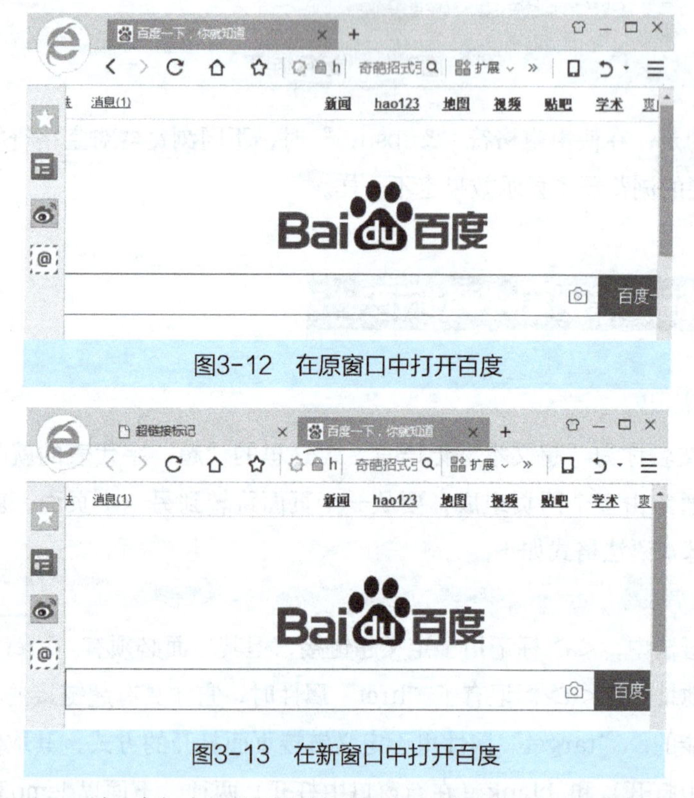

图3-12　在原窗口中打开百度

图3-13　在新窗口中打开百度

超链接标记<a>不仅对文本可以设置超链接，对图像、音频和视频等都可以设置超链接。

2. 注释标记

在HTML文档中有一种特殊的标记称为注释标记，其基本格式如下。

```
<!--注释语句-->
```

注释内容不会显示在浏览器窗口中，但是作为HTML文档的一部分，也会被下载到计算机上，所以我们查看网页源代码时，也会看到注释的内容。我们通常可以在代码后面添加注释，来对代码的作用进行解释说明，下面通过demo3-13所示的案例来演示注释标记的使用。

demo3-13

```
1  <!DOCTYPE html PUBLIC "-//W3C//DTD XHTML 1.0 Transitional//EN" "http://www.w3.org/TR/xhtml1/DTD/xhtml1-transitional.dtd">
2  <html xmlns="http://www.w3.org/1999/xhtml">
3  <head>
4  <meta http-equiv="Content-Type" content="text/html; charset=utf-8" />
5  <title>注释标记</title>
6  </head>
7
8  <body>
9  <!--这是一个段落标记-->
10 <p>段落文本</p>
11 </body>
12 </html>
```

在案例的第9行代码中通过注释标记对下面的段落标记进行了说明，运行结果如图3-14所示。

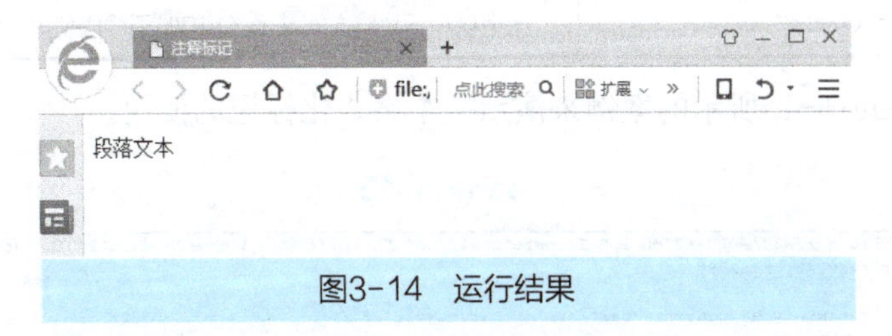

图3-14 运行结果

从图3-14中可以看出，页面只显示了段落标记中的内容，而注释标记中的内容没有显示。

3. div 标记

div标记是一个容器标记，它是一个块元素，可以将网页分隔成几个部分，<div>和</div>之间相当于一个容器，可以容纳段落、标题、超链接等各种网页元素，大多数HTML标记都可以嵌套在div标记中，div标记还可以嵌套div。其基本语法格式见demo3-14。

demo3-14

```
1  <!DOCTYPE html PUBLIC "-//W3C//DTD XHTML 1.0 Transitional//EN" "http://www.w3.org/TR/xhtml1/DTD/xhtml1-transitional.dtd">
2  <html xmlns="http://www.w3.org/1999/xhtml">
3  <head>
4  <meta http-equiv="Content-Type" content="text/html; charset=utf-8" />
5  <title>div标记</title>
6  </head>
7
8  <body>
9  <div>用div标记设置的文本</div>
10 <div><p>段落标记嵌套在div标记中</p></div>
11 </body>
12 </html>
```

运行结果如图3-15所示。

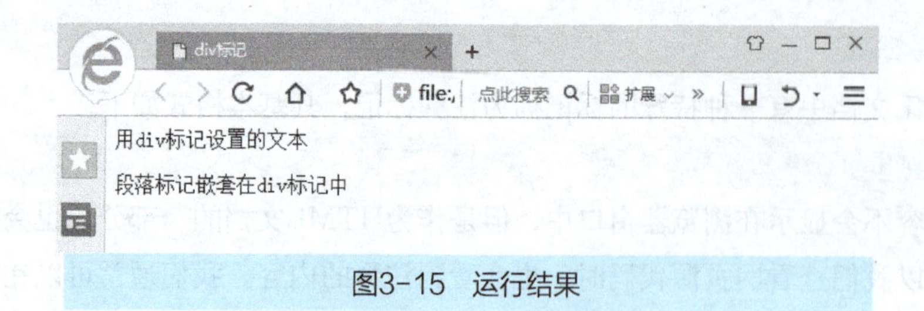

图3-15　运行结果

3.2.4 文本格式化标记

在网页中，有时需要给文本设置加粗、斜体或下划线效果，和Word文档相对应，HTML文档也有文本格式化标记，常用的文本格式化标记见表3-4。

表 3-4　文本格式化标记

标记	显示效果
<b></b> 和 <strong></strong>	文字以粗体方式显示（XHTML 推荐使用 strong）
<i></i> 和 <em></em>	文字以斜体方式显示（XHTML 推荐使用 em）
<s></s> 和 <del></del>	文字以加删除线方式显示（XHTML 推荐使用 del）
<u></u> 和 <ins></ins>	文字以加下划线方式显示（XHTML 不赞成使用 u）

下面通过demo3-15所示的案例来演示文本格式化标记的使用。

demo3-15

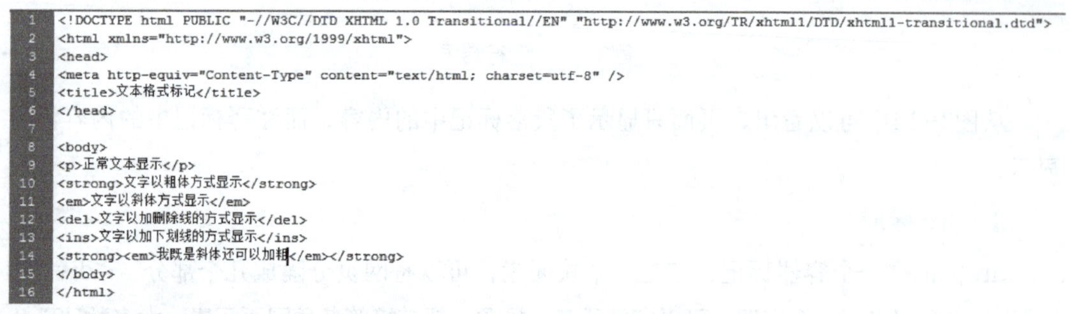

```
1  <!DOCTYPE html PUBLIC "-//W3C//DTD XHTML 1.0 Transitional//EN" "http://www.w3.org/TR/xhtml1/DTD/xhtml1-transitional.dtd">
2  <html xmlns="http://www.w3.org/1999/xhtml">
3  <head>
4  <meta http-equiv="Content-Type" content="text/html; charset=utf-8" />
5  <title>文本格式标记</title>
6  </head>
7
8  <body>
9  <p>正常文本显示</p>
10 <strong>文字以粗体方式显示</strong>
11 <em>文字以斜体方式显示</em>
12 <del>文字以加删除线的方式显示</del>
13 <ins>文字以加下划线的方式显示</ins>
14 <strong><em>我既是斜体还可以加粗</em></strong>
15 </body>
16 </html>
```

运行结果如图3-16所示。

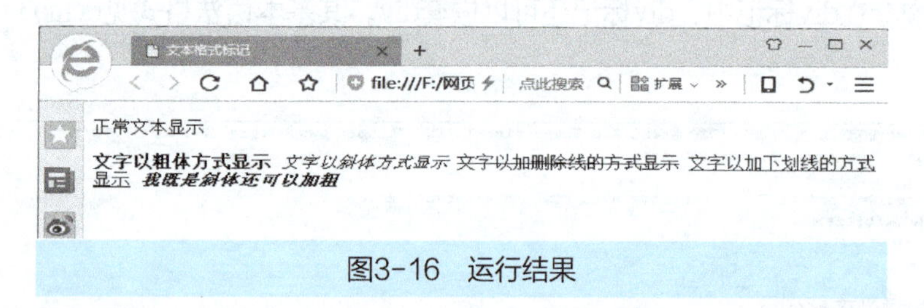

图3-16　运行结果

从浏览器效果图中可以看出，文本格式化标记是行内标记，且它们之间可以相互嵌套使用。

3.3 图像标记

在网上浏览网页时，相对于文字，网页中的图像往往更能吸引人们的眼球。下面介绍网页中常用的几种图像格式，以及如何在网页中插入图像。

3.3.1 常用网页图像格式

网页中的图像太大的话，会导致网页加载速度缓慢，太小的话则影响图片的质量，那么什么情况下该用什么样的图片呢？下面我们具体介绍几种常用的网页图像格式以及它们的具体应用方法。

1．JPEG

JPEG格式是常见的一种图像格式，JPEG文件的扩展名为.jpg或.jpeg。JPEG格式可以保存超过256种颜色的图像，是一种有损压缩的图像格式，压缩比越高，图像质量损失越大，图像文件也就越小。目前各类浏览器均支持JPEG图像格式，网页制作过程中类似于照片的图像，如横幅广告（banner）、商品图片等，都可以使用JPEG的图像格式。

2．GIF

GIF格式是一种支持动画的图像格式，大家在网上看到的大部分动图都是GIF格式。GIF格式支持背景透明、支持动画、支持图像渐进、支持无损压缩，但是GIF只能处理256种颜色，最适合在图片颜色总数少于256种时使用。GIF格式文体体积小，清晰度高，因此常用于logo、小图标及其他色彩相对单一的图像。

3．PNG

PNG格式是一种网络图像格式，结合了GIF及JPEG两家之长。PNG包括PNG-8和真色彩PNG（PNG-24和PNG-32）。相对于GIF，PNG的优势是文件体积更小，支持alpha透明（全透明、半透明、全不透明），并且颜色过渡更平滑，但PNG不支持动画。通常，图片保存为PNG-8会在同等质量下获得比GIF更小的文件体积，而半透明的图片只能使用PNG-24。在网页中，PNG图片格式的应用率比较高。

3.3.2 图像标记和属性

在网页中插入图像，使用到的就是图像标记<img />，它是一个单标记，和属性配合使用来设置图像，其基本语法格式如下。

```
<img src= "图像URL"/>
```

在语法中，src属性用于指定图像文件的路径和文件名，它是img标记的必需属性。除此之外，img标记还有很多其他的属性，见表3-5。

表 3-5 图像标记属性

属性	属性值	描述
src	URL	图像的路径
alt	文本	图像不能显示时的替换文本
title	文本	鼠标悬停在图像上时显示的内容
width	像素（XHTML不支持%页面百分比）	设置图像的宽度
height	像素（XHTML不支持%页面百分比）	设置图像的高度
border	数字	设置图像边框的宽度
vspace	像素	设置图像顶部和底部的空白（垂直边距）
hspace	像素	设置图像左侧和右侧的空白（水平边距）
align	left	将图像对齐到左边
	right	将图像对齐到右边
	top	将图像的顶端和文本的第一行文字对齐，其他文字居图像下方
	middle	将图像的水平中线和文本的第一行文字对齐，其他文字居图像下方
	bottom	将图像的底部和文本的第一行文字对齐，其他文字居图像下方

下面详细介绍表3-5中的img属性。

1. alt 属性

alt属性用于在图像无法显示时告诉用户该图像的内容。在网页加载时由于一些原因可能图像无法显示，比如网速慢、浏览器版本低等，因此给图像加上alt属性，可以让人们更容易了解图像的信息。下面以demo3-16所示案例进行说明。

demo3-16

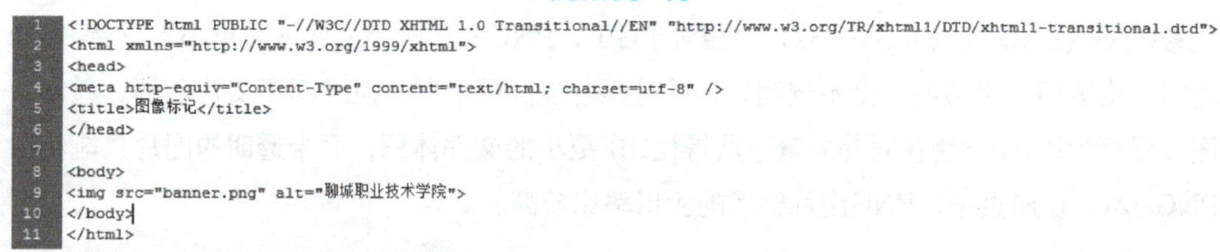

```
1  <!DOCTYPE html PUBLIC "-//W3C//DTD XHTML 1.0 Transitional//EN" "http://www.w3.org/TR/xhtml1/DTD/xhtml1-transitional.dtd">
2  <html xmlns="http://www.w3.org/1999/xhtml">
3  <head>
4  <meta http-equiv="Content-Type" content="text/html; charset=utf-8" />
5  <title>图像标记</title>
6  </head>
7
8  <body>
9  <img src="banner.png" alt="聊城职业技术学院">
10 </body>
11 </html>
```

运行案例，正常情况下结果如图3-17所示。

图3-17 图像正常显示结果

如果图像不能正常显示，则结果如图3-18所示。

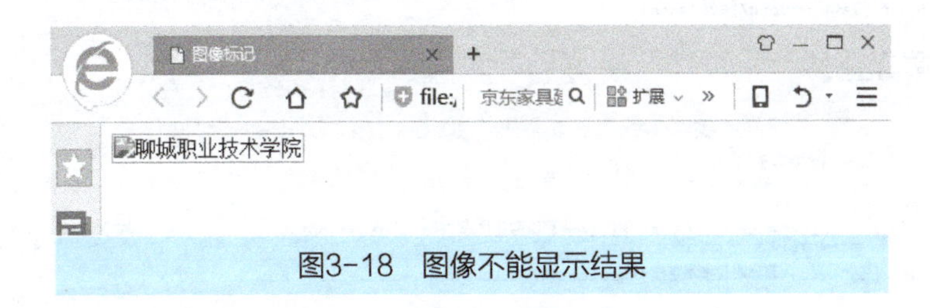

图3-18 图像不能显示结果

图像不能正常显示，则显示alt属性定义的内容。

2. title 属性

title属性设置的文本内容，用于鼠标悬停在图像上时显示，下面以demo3-17所示案例进行说明。

demo3-17

```
1  <!DOCTYPE html PUBLIC "-//W3C//DTD XHTML 1.0 Transitional//EN" "http://www.w3.org/TR/xhtml1/DTD/xhtml1-transitional.dtd">
2  <html xmlns="http://www.w3.org/1999/xhtml">
3  <head>
4  <meta http-equiv="Content-Type" content="text/html; charset=utf-8" />
5  <title>图像标记</title>
6  </head>
7  
8  <body>
9  <img src="banner.png" alt="聊城职业技术学院" title="聊城职业技术学院">
10 </body>
11 </html>
```

在浏览器中运行，结果如图3-19所示。

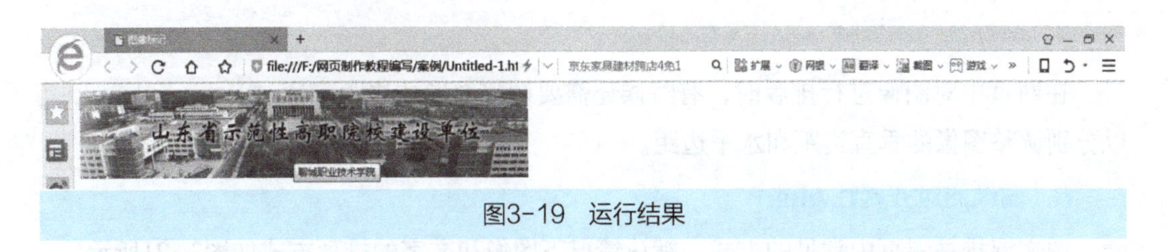

图3-19 运行结果

3. width 和 height 属性

通常情况下，如果插入的图像不设置宽度和高度，就会按照图像的原始尺寸显示。也可以通过设置宽度和高度，来改变图像的大小，但是一般情况下只设置其中一个属性值，另一个属性值按原图等比例显示，这样图像不会失真。如果两个属性值都设置的话，若比例和原图比例不一致，则显示的图像就会变形或失真。

4. border 属性

默认情况下，插入的图像是没有边框的，有时图像背景接近于网页背景颜色，可以通过设置border属性给图像添加边框，让图像变得更清晰。下面通过demo3-18所示案例对width、height和border属性的用法进行说明。

demo3-18

```
1  <!DOCTYPE html PUBLIC "-//W3C//DTD XHTML 1.0 Transitional//EN" "http://www.w3.org/TR/xhtml1/DTD/xhtml1-transitional.dtd">
2  <html xmlns="http://www.w3.org/1999/xhtml">
3  <head>
4  <meta http-equiv="Content-Type" content="text/html; charset=utf-8" />
5  <title>图像标记</title>
6  </head>
7  
8  <body>
9  <!--第一个给图像加了2像素的边框-->
10 <img src="banner.png" alt="聊城职业技术学院" title="聊城职业技术学院" border="2">
11 <!--第二个给图像设置了宽度为400像素-->
12 <img src="banner.png" alt="聊城职业技术学院" title="聊城职业技术学院" width="400">
13 <!--第三个给图像同时设置了宽度和高度-->
14 <img src="banner.png" alt="聊城职业技术学院" title="聊城职业技术学院" width="400" height="200">
15 </body>
16 </html>
```

在浏览器中运行，结果如图3-20所示。

图3-20　运行结果

图3-20中，第一个图像加了边框，按原尺寸显示，第二个图像设置了宽度，图像按等比例缩小，第三个图像同时设置了宽度和高度导致图像发生变形。

5．图像的边距属性 vspace 和 hspace

在网页中对图像进行排版时，有时候还需要调整图像的边距，通过vspace和hspace可以分别调整图像的垂直边距和水平边距。

6．图像的对齐属性 align

图文混排是网页中常见的方式，默认情况下图像和文字的排列方式如图3-21所示。

图3-21　默认图像文字排列

默认情况下，图像的底部相对于文本的第一行文本对齐，但是，在制作网页时，通常需要实现图像和文字环绕的效果，例如图像在左，文字在右等，这就需要用到图像的align属性。下面通过demo3-19所示案例进行说明。

demo3-19

```
1  <!DOCTYPE html PUBLIC "-//W3C//DTD XHTML 1.0 Transitional//EN" "http://www.w3.org/TR/xhtml1/DTD/xhtml1-transitional.dtd">
2  <html xmlns="http://www.w3.org/1999/xhtml">
3  <head>
4  <meta http-equiv="Content-Type" content="text/html; charset=utf-8" />
5  <title>图像标记</title>
6  </head>
7
8  <body>
9  <img src="banner.png" border="2" hsapce="50" vspace="20" align="left" />
10 聊城职业技术学院是首批"山东省示范性高职院校"和"山东省技能型人才培养特色名校",是教育部首批22家"国家职业院校文化素质教育基地"建
   设单位,是山东省职业教育学会德育工作委员会主任单位,是聊城市政府建设聊城现代职业教育体系的龙头单位。
11 </body>
12 </html>
```

在浏览器中运行，结果如图3-22所示。

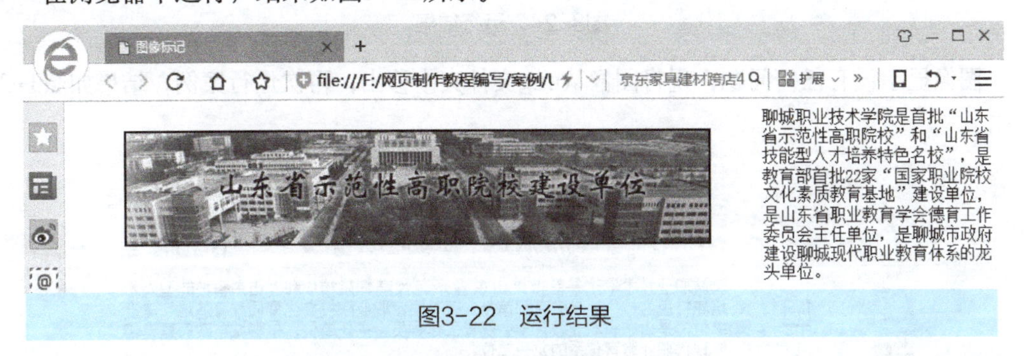

图3-22 运行结果

3.3.3 图像的相对路径和绝对路径

在网页中通常会插入很多图像，为了方便查找图像，通常新建一个文件夹专门用于存放图像文件，如图3-23所示。图像存放的位置不同，导致图像的路径也不一样，下面对图像的路径进行举例说明，见demo3-20。

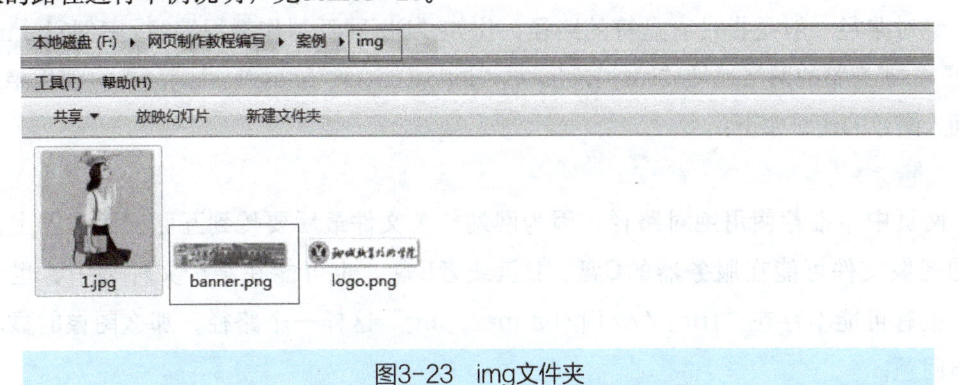

图3-23 img文件夹

demo3-20

```
1  <!DOCTYPE html PUBLIC "-//W3C//DTD XHTML 1.0 Transitional//EN" "http://www.w3.org/TR/xhtml1/DTD/xhtml1-transitional.dtd">
2  <html xmlns="http://www.w3.org/1999/xhtml">
3  <head>
4  <meta http-equiv="Content-Type" content="text/html; charset=utf-8" />
5  <title>图像标记</title>
6  </head>
7
8  <body>
9  <img src="img/banner.png" border="2" hspace="50" vspace="20" align="left" />
10 聊城职业技术学院是首批"山东省示范性高职院校"和"山东省技能型人才培养特色名校",是教育部首批22家"国家职业院校文化素质教育基地"建
   设单位,是山东省职业教育学会德育工作委员会主任单位,是聊城市政府建设聊城现代职业教育体系的龙头单位。
11 </body>
12 </html>
```

如图3-23所示，图像banner.png在img文件夹中，运行案例，结果如图3-24所示。

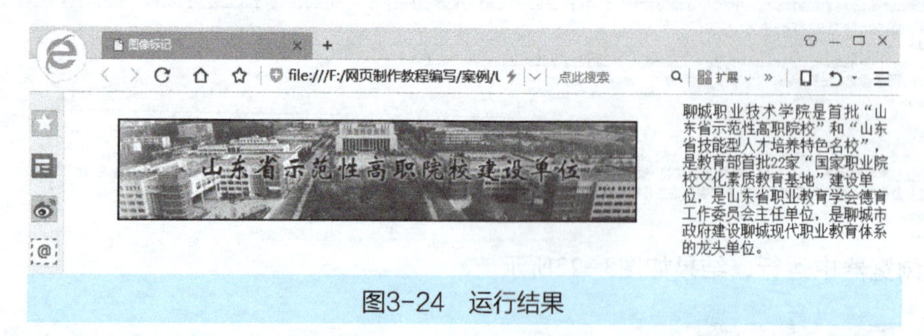

图3-24 运行结果

图像显示没有任何问题，现将图像从img文件夹中移出，再次运行案例，结果如图3-25所示。

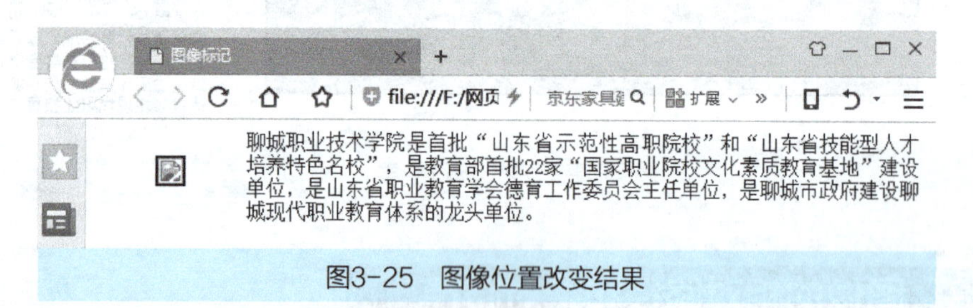

图3-25 图像位置改变结果

图像没有正常显示，这是因为图像改变了位置，这时就需要通过设置图像的“路径”来帮助浏览器找到图像文件。网页中图像的路径通常分为绝对路径和相对路径两种。

1．绝对路径

绝对路径一般是指带有盘符的路径，比如“F|/网页制作教程编写/案例/banner.png”，或完整的网络地址“http://www.lctvu.sd.cn/images/ds.jpg”，使用绝对路径插入图像的代码如下：

```
<img src= "file:///F|/banner.png "/>
```

网页中不推荐使用绝对路径，因为网站相关文件最后要传到互联网服务器上，这时的图像文件可能在服务器的C盘、D盘或者E盘，也可能在某个文件夹中，也就是说，很有可能不存在“file:///F|/banner.png”这样一个路径，那么图像的显示就会出问题。

2．相对路径

相对路径不带有盘符，总得来说，相对路径的设置情况分为以下3种。

1）图像文件和html文件位于同一文件夹。只需输入图像文件的名称即可，如<img src= "banner.png "/>。

2）图像文件位于html文件的下一级文件夹。输入文件夹名和文件名，之间用“/”隔开，如<img src= "img/banner.png "/>。

3）图像文件位于html文件的上一级文件夹。在文件名之前加入“../”，如果是上两级，则需要使用“../ ../”，以此类推，如<img src="../banner.png"/>。

以上三种情况分别举例说明。

HTML文件和banner.png图像在同一个文件夹中，如图3-26所示。

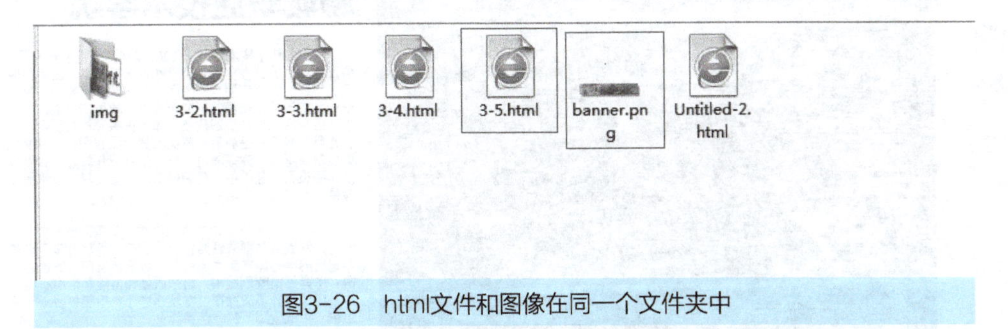

图3-26　html文件和图像在同一个文件夹中

图像文件在HTML文件的下一级文件夹img中，如图3-27所示。

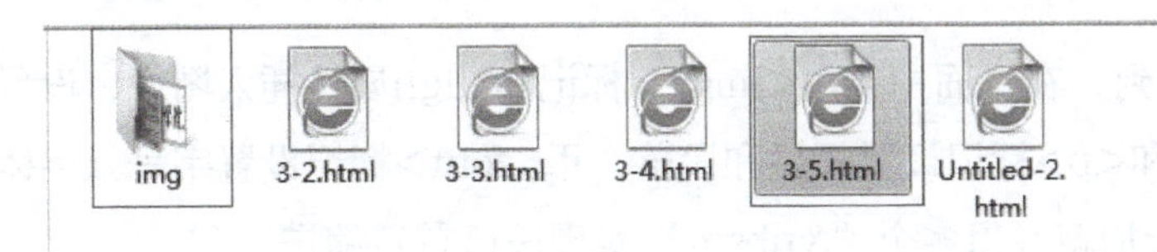

图3-27　图像在html文件的下一级文件夹中

图像文件在HTML文件的上一级文件夹中，如图3-28所示。

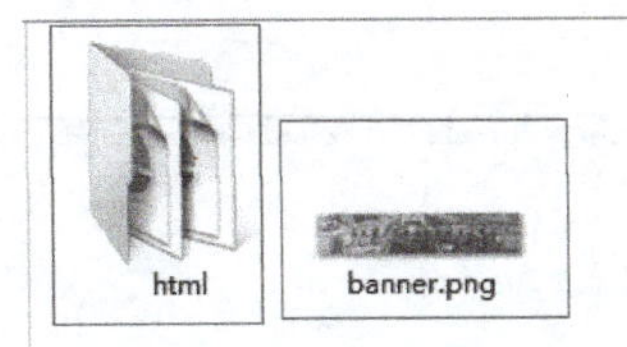

图3-28　图像在html文件的上一级文件夹中

3.4 阶段性案例——制作图文混排页面

前面几节重点介绍了HTML文档的基本格式和HTML标记的使用，下面我们将以一个网页中常见的图文混排页面的实现来让大家更好地认识HTML。

1. 分析效果图

根据效果图实现页面制作，首先要对效果图的结构和布局进行分析，如图3-29所示，效果图中既有文本也有图像，图像在左，文字在右，图像和文字有一定的间距，且文字上方有标题，标题和文字的字号和颜色均不相同，每个段落都首行缩进2个字。

图3-29　图文混排效果图

通过上面的分析可以看到，在页面中要用<img/>标记和align属性插入图像，设置左对齐和间距，用<h2>标记和<p>标记设置标题和段落，用<font>标记设置字号、字体和颜色，用<strong>标记进行加粗，用多个“ ”实现段落首行缩进。

2．制作页面结构

根据效果图的分析，利用HTML标记先简单实现页面的结构，如demo3-21所示。

demo3-21

```
1  <!DOCTYPE html PUBLIC "-//W3C//DTD XHTML 1.0 Transitional//EN" "http://www.w3.org/TR/xhtml1/DTD/xhtml1-transitional.dtd">
2  <html xmlns="http://www.w3.org/1999/xhtml">
3  <head>
4  <meta http-equiv="Content-Type" content="text/html; charset=utf-8" />
5  <title>聊城职业技术学院简介</title>
6  </head>
7
8  <body>
9  <img src="lz.jpg" />
10 <h2>聊城职业技术学院</h2>
11 <p>聊城职业技术学院是2000年10月经山东省人民政府批准成立的公办全日制普通高等专科学校，由原聊城卫生学校、聊城广播电视大学、聊城地区旅游职业中等专业学校和聊城市畜牧研究所合并组建而成，是首批"山东省示范性高职院校"和"山东省技能型人才培养特色名校"，是教育部首批22家"国家职业院校文化素质教育基地"建设单位，是山东省职业教育学会德育工作委员会主任单位，是聊城市政府建设聊城现代职业教育体系的龙头单位。
12 </p>
13 <p>学院所在地—山东省聊城市，是国家历史文化名城，京九铁路与邯济铁路在这里交汇，是冀鲁豫三省交界地区的中心城市和物流枢纽，中原经济区东部核心城市，济南都市圈副城市，山东西部经济隆起带中心城市，区位优势得天独厚。学院确立了"引领鲁西、示范山东、影响全国"的特色目标。
14 </p>
15 </body>
16 </html>
```

先通过<img />标记插入图像，然后通过<h2>和<p>标记分别定义标题和段落文本。运行案例，结果如图3-30所示。

在图3-30中，图像和文本是上下结构，而我们要实现的效果是图像在左文字居右，并且图像和文字有一定的间距的排列效果。要想实现就要使用图像的对齐属性align和图像的水平边距属性hspace。下面对图像进行设置，对第9行代码更改如下：

```
<img src="lz.jpg" align="left" hspace="20"/>
```

图3-30 运行结果

保存HTML文件，刷新网页，结果如图3-31所示。

图3-31 运行结果

3. 控制文本

通过对图像进行控制，实现了图像在左文字居右的效果。现在要用<strong>标记实现某些文本加粗显示，用<font>标记实现标题和段落文本字号、颜色、字体各不相同，同时还可以用“ ”标记来实现段落首行缩进2个字的功能，如demo3-22所示。

demo3-22

```
1  <!DOCTYPE html PUBLIC "-//W3C//DTD XHTML 1.0 Transitional//EN" "http://www.w3.org/TR/xhtml1/DTD/xhtml1-transitional.dtd">
2  <html xmlns="http://www.w3.org/1999/xhtml">
3  <head>
4  <meta http-equiv="Content-Type" content="text/html; charset=utf-8" />
5  <title>聊城职业技术学院简介</title>
6  </head>
7
8  <body>
9  <img src="lz.jpg" align="left" hspace="20" />
10 <h2><font face="微软雅黑" size="6" color="#545454">聊城职业技术学院</font></h2>
11 <p><font size="2" color="#515151"><strong>    聊城职业技术学院</strong>是2000年10月经山东省人民政府批准成立的公
   办全日制普通高等专科学校，由原聊城卫生学校、聊城广播电视大学、聊城地区旅游职业中等专业学校和聊城市畜牧研究所合并组建而成，是首批
   "山东省示范性高职院校"和"山东省技能型人才培养特色名校"，是教育部首批22家"国家职业院校文化素质教育基地"建设单位，是山东省职业教育
   学会德育工作委员会主任单位，是聊城市政府建设聊城现代职业教育体系的龙头单位。
12 </font></p>
13 <p><font size="2" color="#515151">    学院所在地—山东省聊城市，是国家历史文化名城，京九铁路与邯济铁路在这里
   交汇，是冀鲁豫三省交界地区的中心城市和物流枢纽，中原经济区东部核心城市，济南都市圈副城市，山东西部经济隆起带中心城市，区位优势得
   天独厚。学院确立了"引领鲁西、示范山东、影响全国"的特色目标。</font></p>
14 </body>
15 </html>
```

在第10行代码中，通过<font>标记设置字体、字号和颜色；在第11行代码中，通过<font>标记设置字号和颜色，用<strong>标记对文本加粗显示，用多个“ ”标记实现文本缩进。运行案例，结果如图3-32所示。

图3-32　运行结果

至此，通过使用HTML标记及其属性实现了网页中常见的图文混排效果。

第 4 章　CSS 入门

学习目标

1）掌握CSS样式规则，能够书写规范的CSS样式代码。

2）掌握字体样式及文本外观属性，能够控制页面中的文本样式。

3）掌握CSS符号选择器，能快捷选择页面中的元素。

4）理解CSS层叠性、继承性与优先级，学会高效控制网页元素。

HTML标签原本被设计用于定义文档内容。通过使用<h1><p>等标签，HTML的初衷是表达“这是标题”“这是段落”之类的信息。可以看出，使用HTML制作网页时，可以使用标记的属性对网页进行修饰，但是这种方式存在很大的局限和不足，如维护困难、不利于代码阅读等。如果希望网页美观、大方，并且易于维护、升级方便，就需要使用CSS层叠样式表，实现网页的结构与表现分离。

4.1 CSS基础

4.1.1 CSS样式规则

使用HTML时，需要遵从一定的规范。CSS也是如此，想要熟练地使用CSS对网页进行修饰，首先要了解CSS样式规则，具体格式如下：

```
选择器 {属性1: 属性值1; 属性2: 属性值2; 属性3: 属性值3; }
```

CSS规则由选择器和一条或多条声明两个主要的部分构成。

选择器通常是需要改变样式的HTML元素，每条声明由一个属性和一个属性值组成。属性（property）是希望设置的样式属性（style attribute），每个属性有一个值。属性和值之间用英文“:”连接，多个属性之间用英文“;”进行区分。

例如：

```
h1 {color:red; font-size:36px;}
```

在这个例子中，h1是选择器，color和font-size是属性，red和36px是值。这条CSS所呈现的效果是页面中的一级标题字体颜色为红色，大小为36px。

图4-1展示了上面这段代码的结构：

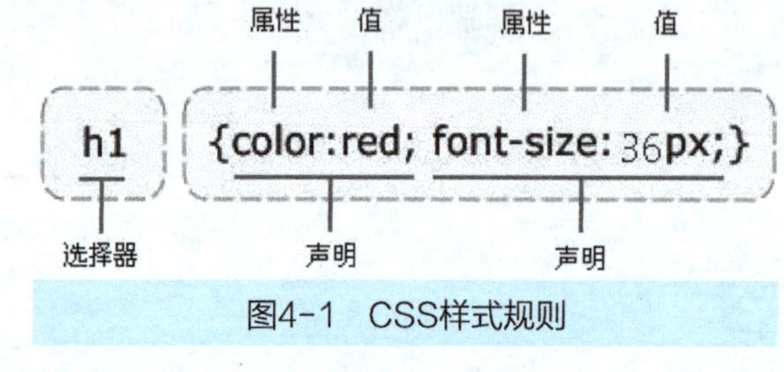

图4-1 CSS样式规则

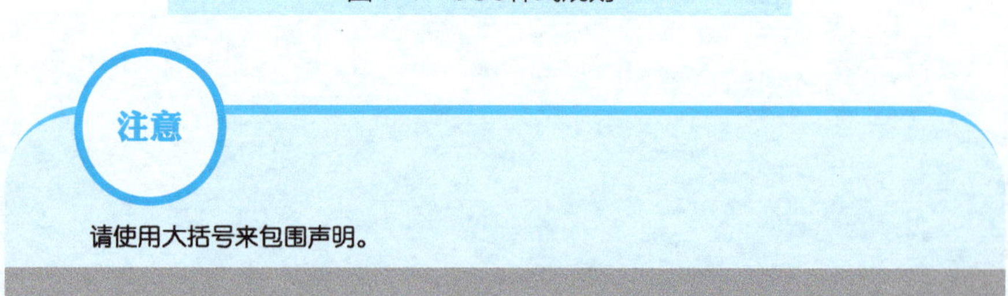

请使用大括号来包围声明。

初学者在书写CSS样式时，除了要遵循CSS样式规则，还必须注意CSS代码结构中的几个特点，具体如下：

1）CSS样式中的选择器严格区分大小写，属性和值不区分大小写，按照书写习惯一般将“选择器”“属性和值”都采用小写方式。

2）多个属性之间必须用英文状态下的分号隔开，最后一个属性后的分号可以省略，但是，为了便于增加新样式最好保留。

3）编写CSS代码时，为了提高代码的可读性，通常会加上CSS注释，注释用来解释代码，并且可以随意编辑，浏览器会忽略注释内容，CSS注释以“/*”开始，以“*/”结束，例如：

```
/*这是CSS注释，此文本不会出现在浏览器窗口中*/
```

4）在CSS中，空格是不被解析的，大括号以及分号前后的空格可有可无。但是属性的值和单位之间是不允许出现空格的，否则浏览器解析时会出错。例如，下面的代码是不正确的。

```
h1 { font-size:36 px;}     /*36和单位px之间有空格*/
```

4.1.2 CSS样式表引入

要想使用CSS修饰网页，就需要在HTML文档中引入CSS样式表，常用的引入方式有3种方式。

1. 行内式

行内式也称内联样式，是通过标记的style属性来设置元素的样式，其基本语法格式如下。

```
<标记名  style="属性1：属性值1；属性2：属性值2；属性3：属性值3；">内容</标记名>
```

Style是标记的属性，任何HTML标记都拥有style属性，用来设置行样式。其中的属性和属性值书写规范与CSS样式规则相同，行内样式只对其所在的标记以及嵌套在其中的子标记起作用。

```
<p style="color：#ccc；width：200px；height：100px；"> </p>
```

下面来看一个在HTML文档中使用行内式CSS样式的案例，见demo4-1。

demo4-1

```
<!DOCTYPE HTML PUBLIC "-//W3C//DTD HTML 4.01 Transitional//EN" "http://www.w3.org/TR/html4/loose.dtd">
<html>
<head>
<meta http-equiv="Content-Type" content="text/html；charset=utf-8">
<title>使用CSS行内样式</title>
</head>

<body>
<p style="font-size:30px；color:red;">使用行内样式修饰的段落文字</p>
<p>未使用行内样式修饰的段落文字</p>
</body>
</html>
```

在demo4-1中有两个段落，第一个段落设置了行内式CSS样式，用来修饰第一个段落的字体大小和颜色，第二个段落没有使用任何样式。

运行demo4-1，结果如图4-2所示。

图4-2 行内样式运行结果展示

通过demo4-1可以看出，行内式是通过标记的属性来控制样式的，同样是段落，第一个段落使用了行内样式，第二个段落没有使用行内样式，第一个段落的样式不会应用到第二个段落上，行内样式并没有做到结构与表现的分离，所以一般很少使用。只有在样式规则较少且只在该元素上使用一次或者需要临时修改某个样式规则时使用。

2. 内嵌式

内嵌式是将CSS代码集中写在HTML文档的<head>头部标记中，并且用<style>标记定义，其基本语法格式如下。

```
<head>
  <style type="text/css">
选择器 {属性1: 属性值1; 属性2: 属性值2; 属性3: 属性值3; }
</style>
</head>
```

<style>标记一般位于<head>标记中<title>标记之后，也可以把它放在HTML文档的任何地方。但是由于浏览器是从上到下解析代码的，把CSS代码放在头部便于提前被下载和解析，以避免网页内容下载后没有样式修饰带来的尴尬。同时，必须设置type的属性为“text/css”，这样浏览器才知道<style>标记包含的是CSS代码，因为<style>标记还可以包含其他代码，如JavaScript代码。

下面通过一个案例来看如何在HTML文档中使用内嵌式CSS样式，见demo4-2。

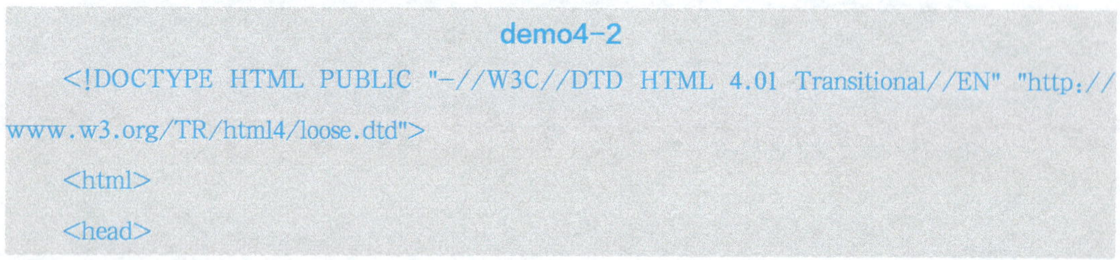

demo4-2

```
<!DOCTYPE HTML PUBLIC "-//W3C//DTD HTML 4.01 Transitional//EN" "http://
www.w3.org/TR/html4/loose.dtd">
<html>
<head>
```

```
<meta http-equiv="Content-Type" content="text/html; charset=utf-8">
<title>内嵌式引入CSS样式</title>
<style type="text/css">
p{ font-size:30px; color:red;}
</style>
</head>
<body>
<h2>内嵌式引入CSS样式</h2>
<p>使用内嵌式样式修饰的段落文字1</p>
<p>使用内嵌式样式修饰的段落文字2</p>
</body>
</html>
```

在demo4-2中，CSS样式是写在<head>部分，是内嵌式，对<p>标签设置了样式。<body>中有两个段落，所以内嵌的样式对<body>内的两个<p>段落都起作用。CSS样式没有<h2>标签的定义，所以<h2>没有任何样式。

运行demo4-2，结果如图4-3所示。

图4-3　内嵌式运行结果展示

内嵌式CSS样式只对其所在的HTML页面有效，因此，仅设计一个页面时，使用内嵌式是个不错的选择。但如果是一个网站，为了充分发挥CSS代码的重用优势，不建议使用这种方式。

3. 链入式

链入式是将所有的样式放在一个或多个以“.css”为扩展名的外部样式表文件中，通过<link>标记将外部样式表文件链接到HTML文档中，其基本语法格式如下。

```
<head>
<link href="CSS文件的路径" type="text/css" rel="stylesheet"/>
</head>
```

该语法中，<link />标记需要放在<head>头部标记中，并且必须指定<link />标记的3个属性，具体如下。

1）href。定义所链接外部样式表文件的URL，可以是相对路径，也可以是绝对路径。

2）type。定义所链接文档的类型，这里需要指定为"text/css"，表示链接的外部文件为CSS样式表。

3）rel。定义当前文档与被链接文档之间的关系，在这里需要指定为“stylesheet”，表示被链接的文档是一个样式表文件。

下面来看如何通过链入式引入CSS样式。具体步骤如下。

1）创建HTML文档。首先创建一个HTML文档，并在该文档中添加一个标题和一个段落文本，见demo4-3。

demo4-3

```
<!DOCTYPE HTML PUBLIC "-//W3C//DTD HTML 4.01 Transitional//EN" "http://www.w3.org/TR/html4/loose.dtd">
<html>
<head>
<meta http-equiv="Content-Type" content="text/html; charset=utf-8">
<title>链入式CSS样式</title>
</head>
<body>
<h2>链入式引入CSS样式</h2>
<p>使用链入式样式修饰的段落文字</p>
</body>
</html>
```

将该文件命名为“demo4-3.html”，保存在“chapter04”文件夹中。

2）创建样式表文件。打开Dreamweaver CS6，在菜单栏选择【文件】→【新建】选项，界面会弹出“新建文档”对话框，如图4-4所示。

在“新建文档”窗口的页面类型选项卡中选择【CSS】，单击【创建】按钮，弹出CSS文档编辑窗口，如图4-5所示。

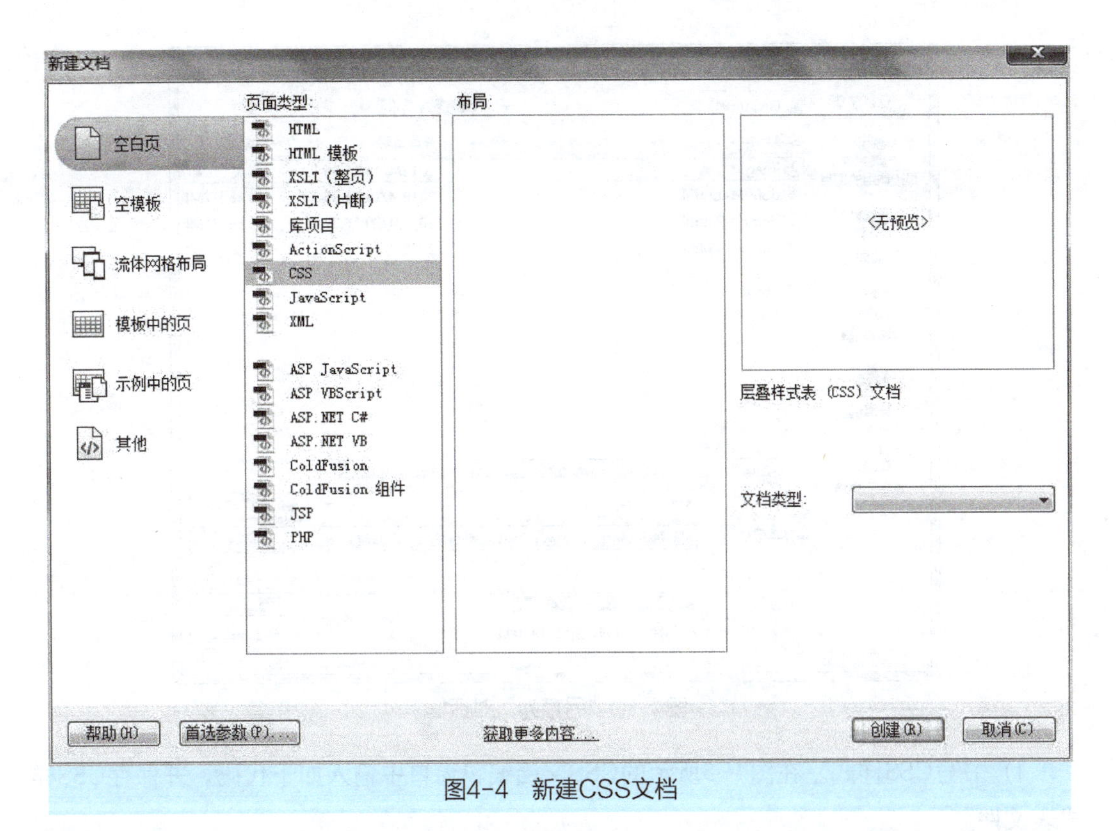

图4-4　新建CSS文档

图4-5　CSS文档编辑窗口

3）保存CSS文件。选择【文件】→【保存】选项，弹出“另存为”对话框，如图4-6所示。

在图4-6所示对话框中，将文件命名为“style3.css”，保存在“demo4-3.html”文件所在的文件夹“chapter04”中。

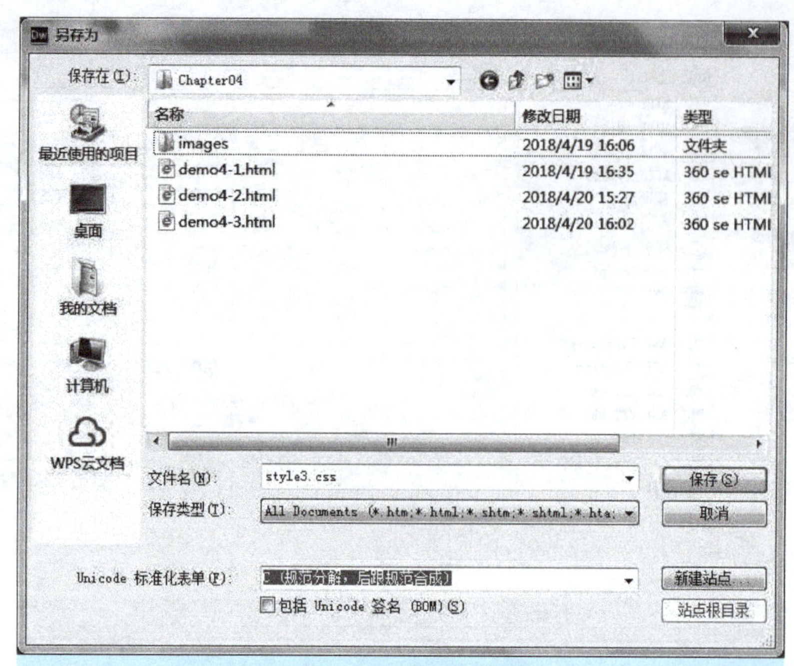

图4-6 “另存为”对话框

4）书写CSS样式。在图4-5所示的CSS文档编辑窗口中输入如下代码，并保存CSS样式表文件。

```
h2{ text-align:center;color:blue;}
p{ font-size:20px; color:red; text-decoration:line-through;}/*文本修饰样式*/
```

5）链接CSS样式表。在“demo4-3.html”的<head>头部标记中，添加<link />语句，将style3.css外部样式表文件链接到“demo4-3.html”文档中，代码如下。

```
<link href="style3.css" type="text/css" rel="stylesheet"/>
```

6）保存“demo4-3.html”文档，在浏览器中运行，结果如图4-7所示。

链入式引入CSS样式

使用链入式样式修饰的段落文字

图4-7 链入式运行结果展示

这是常见的也是推荐采用的引入CSS的方式。使用这种方式，所有的CSS代码存在于单独的CSS文件中，所以具有良好的可维护性。并且所有的CSS代码只存在于CSS文件中，CSS文件会在第一次加载时引入，以后切换页面时只需加载HTML文件即可。链入式引入CSS文件真正实现了网页结构和表现的完全分离，使得网页的前期制作和后期维护都非常方便。

4.2 CSS选择器

要想将CSS样式应用于特定的HTML元素，首先需要找到该目标元素。在CSS中，执行这一任务的样式规则部分称为选择器，具体如下。

1．标签选择器

一个HTML文档中有许多标签，例如<p>标签，<h1>标签等。若要使文档中的所有<p>标签都使用同一个CSS样式，就要使用标签选择器。其基本语法格式如下。

```
标签名{属性1：属性值1；属性2：属性值2；属性3：属性值3；}
```

该语法中，HTML所有的标签名都可以作为标签选择器，如<body><h1><p><img>等。用标签选择器定义的样式对页面中该类型的所有标签都有效。

例如，可以使用<p>选择器定义HTML中所有段落的样式，示例代码如下。

```
p{ font-family:"微软雅黑"； font-size:20px； color:red；}
```

这段代码会使HTML中所有的段落文本有相同样式——字体为“微软雅黑”，大小是12像素，颜色为红色。

标签选择器最大的优点是能快速为页面中同类型的标签统一样式，但这也是它的缺点，不能设置差异化样式。

2．类选择器

类选择器使用“.”（英文点号）进行标识，后面紧跟自定义的类名，其基本语法格式如下。

```
.类名{属性1：属性值1；属性2：属性值2；属性3：属性值3；}
```

该语法中，类名即为HTML元素的class属性值，大多数HTML元素都可以定义class属性。在HTML中若要为相同的标签赋予不同的CSS样式就应使用类选择器。

下面通过一个案例介绍类选择器的使用，见demo4-4。

demo4-4

```
<!DOCTYPE HTML PUBLIC "-//W3C//DTD HTML 4.01 Transitional//EN" "http://www.w3.org/TR/html4/loose.dtd">
```

```
<html>
<head>
<meta http-equiv="Content-Type" content="text/html; charset=utf-8">
<title>类选择器</title>
<style type="text/css">
p{ font-family:"微软雅黑"; font-weight:bold;}
.red{ color:red;}
.blue{color:blue;}
.font24{font-size:24px;}
</style>
</head>
<body>
<h2  class="red">类选择器的使用</h2>
<p class="red  font24">段落一文字</p>
<p class="blue ">段落二文字</p>
<p>段落三文字</p>
</body>
</html>
```

在demo4-4中，定义了3个类选择器，其中对标题<h2>和第一个<p>段落应用了“.red”样式，设置字体颜色为红色，同时第一个<p>段落还应用了“.font24”样式，即第一个<p>段落字体为红色，字体大小为24像素。对第二个<p>段落应用了“.blue”样式，设置字体颜色为蓝色，第三个<p>段落没有应用类选择器样式。然后通过标签选择器统一设置所有的段落文字为微软雅黑，并且字体加粗显示。

运行demo4-4，结果如图4-8所示。

图4-8 类选择器的使用

在图4–8中，“类选择器的使用”和“段落一文字”均显示为红色，可见多个不同标签可以使用同一个类名，这样可以实现为不同类型的标签指定相同的样式。同时，一个HTML元素也可以应用多个class类样式，“段落一文字”既显示为红色，又是24像素字号。在HTML标签中多个类名之间需要用空格隔开。如demo4–4的第一个<p>标签。

3. id 选择器

id选择器使用“#”进行标识，后面紧跟id名，其基本语法格式如下。

```
#id名{属性1：属性值1；属性2：属性值2；属性3：属性值3；}
```

该语法中，id名即为HTML元素的id属性值，大多数HTML元素都可以定义id属性，但是元素的id值是唯一的，只能对应于文档的某一个具体的元素。

下面通过一个案例来介绍id选择器的使用，见demo4–5。

demo4–5

```
<!DOCTYPE HTML PUBLIC "-//W3C//DTD HTML 4.01 Transitional//EN" "http://www.w3.org/TR/html4/loose.dtd">
<html>
<head>
<meta http-equiv="Content-Type" content="text/html; charset=utf-8">
<title>id选择器</title>
<style type="text/css">
#blue{color:blue;}
#font24{font-size:24px;}
</style>
</head>
<body>
<h2>ID选择器的使用</h2>
<p id="blue">段落一文字，应用了#blue选择器</p>
<p id="blue">段落二文字，也应用了#blue选择器</p>
<p id="font24">段落三文字，应用了#font24选择器</p>
<p id="blue font24">段落四文字，同时应用了#blue和#font24选择器</p>
</body>
</html>
```

在demo4–5中，定义了两个id选择器，第一个<p>段落应用了blue选择器，第二个<p>段落也应用了blue选择器，第三个段落应用了font24选择器。运行demo4–5，结果如图4–9所示。

ID选择器的使用

段落一文字，应用了#blue选择器

段落二文字，也应用了#blue选择器

段落三文字，应用了#font24选择器

段落四文字，同时应用了#blue和#font24选择器

今日优选 快剪辑 今日直播 热点资讯 下载 100%

图4-9 id选择器的使用

从图4-9可以看出，第2行文字和第3行文字都显示蓝色字体，都应用了blue样式。但是，需要注意的是，在很多浏览器中，同一个id应用于HTML的多个标记，样式可以显示，浏览器并不报错，但是这种做法是不被允许的，因为JavaScript等脚本语言调用id时会出错，所以一开始就要养成规范的编码习惯。

另外，最后一个<p>段落，代码中同时应用了两个id选择器，但是从运行结果可以看出，段落四文字没有应用任何样式，这是因为，id选择器不支持像类选择器那样同时定义多个值的写法，类似“id="blue font24"”的用法是完全错误的。

4．通配符选择器

通配符选择器用“*”号表示，它是所有选择器中作用最广的，能匹配页面中所有的元素，其语法格式如下。

```
*{属性1：属性值1；属性2：属性值2；属性3：属性值3；}
```

例如，下面的代码使用通配符选择器定义CSS样式，清除所有HTML标记的默认边距。

```
*{ margin:0px;   padding:0px;}
```

但在实际网站开发中不建议使用通配符选择器，通配符选择器设置的样式会对所有的HTML标记都起作用，不管该标记是否需要该样式，这样反而降低了代码的执行速度。

4.3 CSS设置字体效果

文字是网页设计永远不可缺少的元素，各种各样效果的文字遍布在网站中。下面主要讲解CSS设置各种文字效果的方法。

使用过Word编辑文档的用户都知道，Word可以对文字的字体、大小和颜色等各种属性进行设置。CSS同样可以对HTML页面中的文字进行全方位的设置。为了更方便地控制网页中各种各样的字体，CSS提供了一系列字体样式属性，常见CSS字体样式属性见表4-1。

表 4-1 常见 CSS 字体样式属性

属　性	描　述
font	在一个声明中设置所有的字体属性
font-family	指定文本的字体系列
font-size	指定文本的字体大小
font-style	指定文本的字体样式
font-variant	以小型大写字体或者正常字体显示文本
font-weight	指定字体的粗细

下面根据表4-1来详细讲解常见的CSS字体样式属性。

1. font-family：字体

font-family属性用于指定一个元素的字体。网页中常用的中文字体有宋体、微软雅黑、黑体等，例如将网页中所有<p>段落文本字体设置为微软雅黑，可以使用如下CSS样式代码。

```
p{font-family:"微软雅黑"; }
```

font-family可以把多个字体名称作为一个“回退”系统来保存。如果浏览器不支持第一种字体，则会尝试下一种，直到找到合适的字体。

例如：

```
body{ font-family:"幼圆","宋体","微软雅黑"; }
```

当应用上面样式时，浏览器会首选幼圆，如果用户计算机上没有安装该字体，则选择宋体，如果也没有安装宋体，就选择微软雅黑。当指定的字体都没有安装时，就会使用浏览器的默认字体。

使用font-family设置字体样式时，需要注意以下几点。

1）各种字体之间必须使用英文状态下的逗号隔开。

2）中文字体需要添加英文状态下的引号，英文字体一般不需要加引号。当需要设置英文字体时，英文字体必须位于中文字体名之前。例如：

```
body{ font-family: sans-serif,"幼圆","宋体","微软雅黑"; }
```

3）尽量使用系统默认字体，以保证网页在任何用户的浏览器上都能正确显示。

4）如果字体名称包含空格，它必须加上引号。例如font-family:"Times New Roman"，虽然是英文字体，但是字体中包含空格，故该字体需要用引号括起来。

2. font-size：字体大小

font-size属性用于设置不同HTML元素的字体大小。字体大小的常用单位见表4-2。

表 4-2　字体大小的常用单位

单　位	描　述
%	百分比
in	英寸
cm	厘米
mm	毫米
em	1em等于当前的字体尺寸 2em等于当前字体尺寸的两倍 例如，如果某元素以12pt显示，那么2em是24pt 在CSS中，em是非常有用的单位，因为它可以自动适应用户所使用的字体
ex	1ex是当前字体的x-height（x-height通常是字体尺寸的一半）
pt	磅（1pt等于 $\frac{1}{72}$ in）
pc	12点活字（1pc等于12点）
px	像素（计算机屏幕上的一个点）

其中，px比较常用。例如body{font-size:14px;}，表示设置这个页面的所有文字大小为14px。

3. font-weight：字体粗细

font-weight属性用于定义字体的粗细，其可用属性值见表4-3。

表 4-3　font-weight 可用属性值

值	描　述
normal	默认值。定义标准的字符
bold	定义粗体字符
bolder	定义更粗的字符
lighter	定义更细的字符
100~900（100的整数倍）	定义由粗到细的字符。400等同于normal，而700等同于bold

虽然font-weight有很多属性值，但是实际应用中，一般使用属性值normal和bold来定义字体的正常或加粗显示。

4. font-variant：变体

font-variant属性主要用于定义小型大写字母文本，仅对英文字符有效。其属性值见表4-4。

表 4-4　font-variant 属性值

值	描　述
normal	默认值。浏览器会显示一个标准的字体
small-caps	浏览器会显示小型大写字母的字体

5. font-style：字体风格

font-style属性用于指定文本的字体样式。其属性值见表4-5。

表4-5　font-style属性值

值	描　述
normal	默认值。浏览器显示一个标准的字体样式
italic	浏览器会显示一个斜体的字体样式
oblique	浏览器会显示一个倾斜的字体样式

6. font: 综合设置字体样式

font属性用于在一个声明中设置所有字体属性，其语法格式如下。

```
选择器{font:font-style  font-variant  font-weight  font-size/line-height  font-family；}
```

使用font属性时，必须按上面语法格式中的顺序书写，各个属性以空格隔开。其中line-height指的是行高，在后面会具体介绍。

例如：

```
.font{
font-style:italic;
font-variant:small-caps;
font-weight:bold;
font-size:12px;
line-height:1.5em;
font-family:arial,verdana;
}
```

上面的样式可以简写为如下格式。

```
.font{font: italic  small-caps  bold 12px/1.5em  arial,verdana;}
```

font的简写注意事项有如下几点。

1）简写时，font-size和line-height只能通过“/”组成一个值，不能分开写。

2）顺序不能改变，这种简写方法只有在同时指定font-size和font-family属性时才起作用。而且，如果没有设定font-weight、font-style以及font-varient，它们会使用默认值。

下面通过一个案例介绍font字体属性的应用，见demo4-6。

demo4-6

```
<!DOCTYPE HTML PUBLIC "-//W3C//DTD HTML 4.01 Transitional//EN" "http://www.w3.org/TR/html4/loose.dtd">
<html>
<head>
<meta http-equiv="Content-Type" content="text/html; charset=utf-8">
```

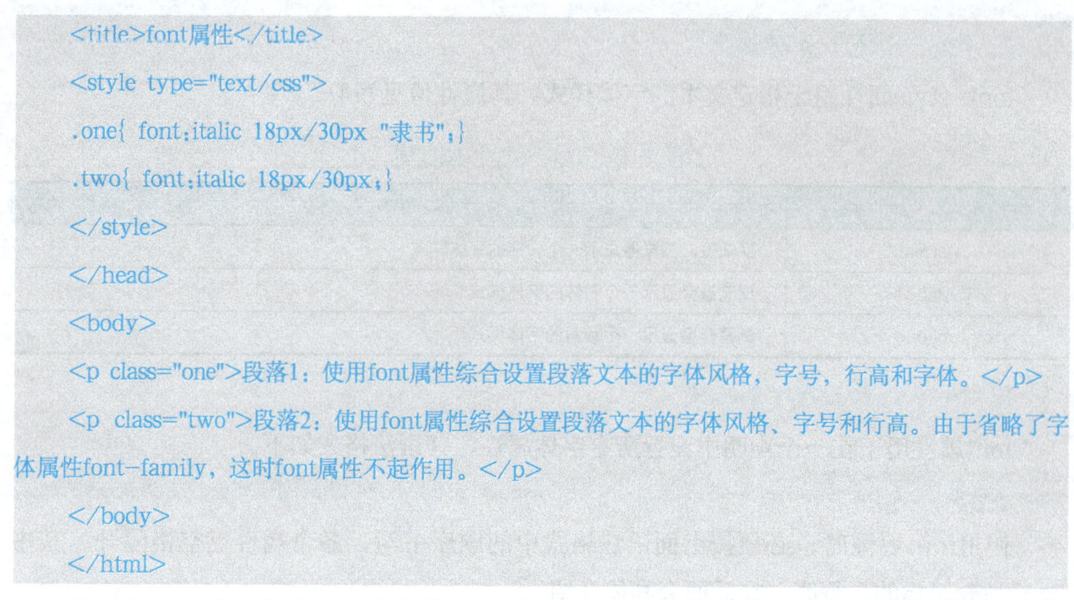

```
<title>font属性</title>
<style type="text/css">
.one{ font:italic 18px/30px "隶书";}
.two{ font:italic 18px/30px;}
</style>
</head>
<body>
<p class="one">段落1：使用font属性综合设置段落文本的字体风格，字号，行高和字体。</p>
<p class="two">段落2：使用font属性综合设置段落文本的字体风格、字号和行高。由于省略了字体属性font-family，这时font属性不起作用。</p>
</body>
</html>
```

在demo4-6中，定义了两个段落，同时使用font属性分别对它们进行相应的设置。

运行demo4-6，结果如图4-10所示。

图4-10 font属性综合设置字体样式

从图4-10可以看出，font属性设置的样式并没有对第二个段落生效，这是因为对第二个段落的设置中省略了字体属性font-family。

4.4 CSS文本外观属性

使用HTML可以对文本外观进行简单的控制，但是效果并不理想。为此CSS提供了一系列的文本外观样式属性，具体如下。

1. color：文本颜色

color属性用于定义文本的颜色，其取值方式有以下3种。

1）直接写颜色的英文，如blue、red、yellow等。

2）RGB代码值，如rgb（255，255，0）或rgb（0%，100%，100%）等。

3）十六进制值，如#ff0000、#0048ff；也许还会出现例如#c06这样的颜色表示方法，这是因为红色、绿色、蓝色部分的两个值相同，如#cc0066，#c06为其缩写形式。十六进制是最常用的定义颜色的方式。

2. text-decoration：文本装饰

HTML语言中，text-decoration属性可以用于添加文本的修饰，如下划线等。修饰的颜色由color属性设置。text-decoration属性值见表4-6。

表4-6 text-decoration属性值

值	描　述
none	默认。定义标准的文本
underline	定义文本下的一条线
overline	定义文本上的一条线
line-through	定义穿过文本的一条线
blink	定义闪烁的文本

3. text-transform：文本转换

text-transform属性控制文本的大小写，而不论源文档中文本的大小写。text-transform属性值见表4-7。

表4-7 text-transform属性值

值	描　述
none	默认。定义带有小写字母和大写字母的标准的文本
capitalize	文本中的每个单词以大写字母开头
uppercase	定义仅有大写字母
lowercase	定义无大写字母，仅有小写字母

4. text-align：水平对齐方式

text-align属性用于设置文本内容的水平对齐方式，相当于HTML中的align对齐属性，其可用属性值见表4-8。

表4-8 text-align属性值

值	描　述
left	把文本排列到左边。默认值：由浏览器决定
right	把文本排列到右边
center	把文本排列到中间
justify	实现两端对齐文本效果

5. text-indent：首行缩进

text-indent属性用于设置首行文本的缩进，其属性值可以为不同单位的数值、em字符宽度的倍数或相对于浏览器窗口宽度的百分比，允许使用负值，建议使用em作为设置单位。

6．letter-spacing：字符间距

letter-spacing属性用于定义字符间距，所谓字符间距就是字符与字符之间的空白，其属性值可以为不同单位的数值，允许使用负值，默认为normal。

7．word-spacing：单词间距

word-spacing属性用于定义英文单词之间的间距，对中文字符无效。和letter-spacing一样，属性值可以为不同单位的数值，允许使用负值，默认为normal。

word-spacing和letter-spacing都可以对英文进行设置，不同的是letter-spacing定义的为字母之间的间距，而word-spacing定义的为英文单词之间的间距。

8．white-space：空白字符处理

在HTML中，不论源代码中有多少空格，在浏览器中只会显示一个字符的空白。在CSS中，使用white-space属性可以设置空白字符的处理方式，其属性值如下。

1）normal：常规（默认值），文本的空格、空行无效，满行（到达区域边界）后自动换行。

2）pre：预格式化，按文档的书写格式保留空格、空行原样显示。

3）nowrap：空格空行无效，强制文本不能换行，除非遇到换行标记
。内容超出元素的边界也不换行，若超出，浏览器页面则会自动增加滚动条。

4.5 CSS复合选择器、层叠性与继承性以及优先级

仅仅学习CSS基础选择器、CSS控制文本样式，并不能良好地控制网页中元素的显示样式。想要使用CSS实现结构与表现的分离，解决工作中出现的CSS调试问题，就需要学习CSS高级特性。本节将对CSS复合选择器、CSS层叠性与继承性以及CSS优先级进行详细讲解。

4.5.1 CSS复合选择器

书写CSS样式表时，可以使用CSS基础选择器选中目标元素。但是在实际网站开发中，一个网页可能包含成千上万的元素，如果仅使用CSS基础选择器，不可能良好地组织页面样式。为此CSS提供了几种复合选择器，实现了更强、更方便的选择功能。

复合选择器是由两个或多个基础选择器，通过不同的方式组合而成的，具体如下。

（1）交集选择器　交集选择器由两个选择器直接连接构成，其中第一个必须是标签选择器，第二个必须是类别选择器或者ID选择器，这两个选择器之间不能有空格。

下面通过一个案例介绍交集选择器，见demo4-7。

demo4-7

```
<!DOCTYPE HTML PUBLIC "-//W3C//DTD HTML 4.01 Transitional//EN" "http://www.w3.org/TR/html4/loose.dtd">
<html>
<head>
<meta http-equiv="Content-Type" content="text/html; charset=utf-8">
<title>交集复合选择器</title>
<style type="text/css">
 p {color:blue;}
 p.special {color:red;}
 .special {color:green;}
</style>
</head>
<body>
<p>普通段落文本（蓝色）</p>
<h3> 普通标题文本（黑色）</h3>
<p class="special">指定了.special类别的段落文本（红色）</p>
<h3 class="special">指定了.special类别的段落文本（绿色）</h3>
</body>
</html>
```

在demo4-7中，定义了<p>标记的样式，也定义了“.special”类别的样式，此外还单独定义了p.special用于特殊的控制，而在这个p.special中定义的样式仅仅适合用于<p class="special">，而不会影响使用“.special”类别的其他标记。

运行demo4-7，结果如图4-11所示。

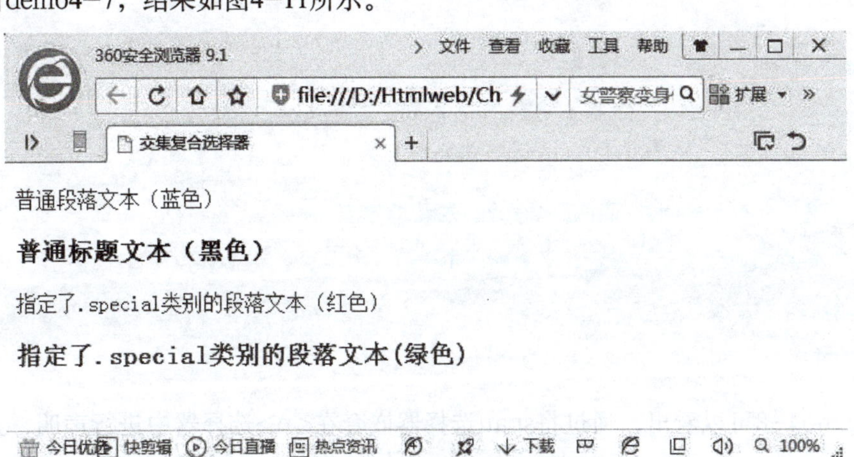

图4-11 交集选择器的使用

（2）后代选择器　CSS选择器中，还可以通过嵌套的方式对特殊位置的HTML标记进行声明，例如当<p>与</p>之间包含<span></span>标记时，就可以使用后代选择器进行相应的控制。后代选择器的写法就是把外层的标记写在前面，内层的标记写在后面，之间用空格分隔。当标记发生嵌套时，内层的标记就成为外层标记的后代。

例如，假设有下面的代码：

```
<p>外层的文字，<span>中间的文字<b>内层的文字</b></span></p>
```

外层是<p>标记，里面嵌套了<span>标记，<span>标记中又嵌套了<b>标记，则称<span>是<p>的子元素，<b>是<span>的子元素。

下面通过一个案例介绍后代选择器，见demo4-8。

demo4-8

```
<!DOCTYPE HTML PUBLIC "-//W3C//DTD HTML 4.01 Transitional//EN" "http://www.w3.org/TR/html4/loose.dtd">
<html>
<head>
<meta http-equiv="Content-Type" content="text/html; charset=utf-8">
<title>后代选择器</title>
<style type="text/css">
p span{
color:blue;
}
span{
color:green;
}
</style>
</head>
<body>
<p>嵌套使<span>用css（蓝色）</span>标记的方法</p>
嵌套之外的<span>标记（绿色）</span>不生效
</body>
</html>
```

从demo4-8可以看出，通过将span选择器嵌套在<p>选择器中进行声明，显示效果只适用于<p>和</p>之间的<span>标记，而对其外的<span>标记并不产生任何效果；

只有第一行中<span>和</span>之间的文字变成了蓝色，第二行中<span>和</span>之间的文字则是按照第二条CSS样式规则设置的，即为绿色。

运行demo4–8，结果如图4–12所示。

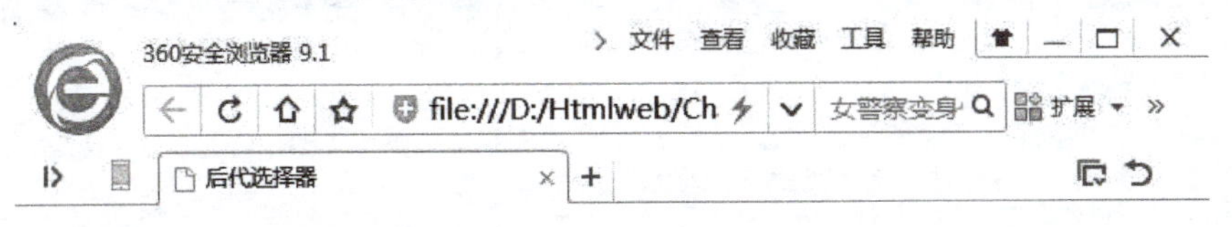

图4–12　后代选择器的使用

选择器的嵌套在CSS编写中可以大大减少对class和ID的声明。

(3) 子元素选择器　如果不希望选择任意的后代元素，而是希望缩小范围，只选择某个元素的子元素，可使用子元素选择器，也就是只对直接后代有影响的选择器，而对孙元素以及多层的后代不会产生作用。

```
<p>外层的文字，<span>中间的文字<b>内层的文字</b></span></p>
```

假设将demo4–8中的CSS内容改为：

```
p >span{    color:green;          }
```

上例的效果是仅有“中间的文字”这几个字变为绿色，因为<span>是<p>的直接后代，<b>是<p>的“孙子”而不在选中范围内。

子元素选择器和后代选择器的语法区别在于使用大于号连接。

(4) 并集选择器　并集选择器简称“集体声明”，并集选择器是多个选择器通过逗号连接而成的。任何形式的选择器（包括标记选择器、class类选择器、ID选择器等），都可以作为并集选择器的一部分。如果某些选择器定义的样式完全相同或部分相同，就可以利用并集选择器为它们定义相同的CSS样式。

例如：

```
h1,h2,h3{ color:red;   text-align:center;}
```

下面通过一个案例介绍并集选择器，见demo4–9。

demo4–9

```
<!DOCTYPE HTML PUBLIC "-//W3C//DTD HTML 4.01 Transitional//EN" "http://www.
```

```
w3.org/TR/html4/loose.dtd">
<html>
<head>
<meta http-equiv="Content-Type" content="text/html; charset=utf-8">
<title>并集选择器</title>
<style type="text/css">
h1,h2,h3,h4,h5,p{
color:green;
font-size:16px;
}
h2.special,.special,#one{
text-decoration:underline;
}
</style>
</head>
<body>
<h1>案例文字1</h1>
<h2 class="special">案例文字2</h2>
<h3>案例文字3</h3>
<h4>案例文字4</h4>
<h5>案例文字5</h5>
<p>案例文字p1</p>
<p class="special">案例文字p2</p>
<p id="one">案例文字p3</p>
</body>
</html>
```

在demo4-9中，可以看到所有行的颜色都是绿色，而且字体大小均为16px。这种集体声明的效果与单独声明的效果完全相同。h2.special、.special和#one的声明并不会影响前一个集体声明，第二行和最后两行在绿色和大小为16px的前提下使用了下划线进行突出。

运行demo4-9，结果如图4-13所示。

由图4-13可以看出，使用并集选择器定义样式与对各个基础选择器单独定义，样式效果完全相同，而且这种方式书写的CSS代码更简洁、直观。

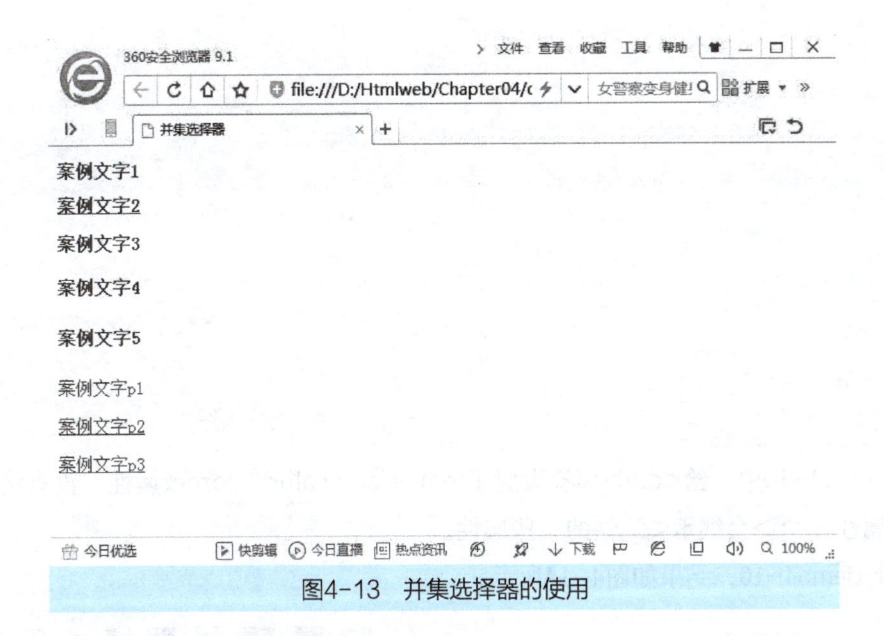

图4-13 并集选择器的使用

4.5.2 CSS继承性与层叠性

继承性和层叠性是CSS样式表的基本特征。

1．继承性

有一些属性，当给其所属元素进行设置之后，这些元素的后代元素都继承了相同的属性设置，这种性质称为继承性，如color、text–开头的、line–开头的、font–开头的。

接下来通过一个案例来介绍CSS的继承性，见demo4–10。

demo4–10

```
<!DOCTYPE HTML PUBLIC "-//W3C//DTD HTML 4.01 Transitional//EN" "http://www.w3.org/TR/html4/loose.dtd">
<html>
<head>
<meta http-equiv="Content-Type" content="text/html; charset=utf-8">
<title>CSS继承性</title>
<style type="text/css">
div{
font-size:20px;
   color:red;
   border: 2px solid red;
    }
</style>
```

```
</head>
<body>
<div>
<p>我是段落1</p>
<p>我是段落2</p>
<p>我是段落3</p>
</div>
</body>
</html>
```

在demo4-10中，给<div>标签设置了font-size、color、border属性，没有给<p>设置任何属性，<p>会继承<div>的一些属性。

运行demo4-10，结果如图4-14所示。

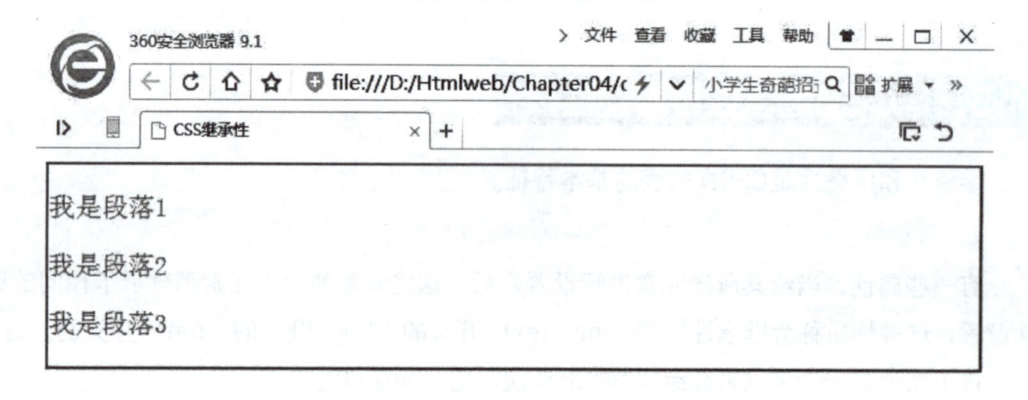

图4-14 CSS的继承性

从图4-14可以看出，<p>段落继承了div的font-size、color属性，没有继承border属性。

恰当地使用继承可以简化代码，降低CSS样式的复杂性。一般，字体、文本的属性都可以继承，如color、text-开头的、line-开头的、font-开头的，但不是所有属性都能继承。如图4-14所示，color属性会被继承，但border属性没有被继承。

总结：关于文字样式的属性都能够被继承，关于盒子、定位、布局的属性都不能被继承。

2．层叠性

层叠性是指多种CSS样式的叠加。下面通过一个案例来介绍CSS的层叠性，见

demo4-11。

```
demo4-11
<!DOCTYPE HTML PUBLIC "-//W3C//DTD HTML 4.01 Transitional//EN" "http://www.w3.org/TR/html4/loose.dtd">
<html>
<head>
<meta http-equiv="Content-Type" content="text/html; charset=utf-8">
<title>CSS层叠性</title>
<style type="text/css">
p{ font-size:14px; font-family: "幼圆";}
.fontone{ font-size:18px;}
#colorone{ color:blue;}
</style>
</head>
<body>
<p>我是段落1</p>
<p class="fontone">我是段落2</p>
<p id="colorone">我是段落3</p>
<p class="fontone" id="colorone">我是段落4</p>
</body>
</html>
```

运行demo4-11，结果如图4-15所示。

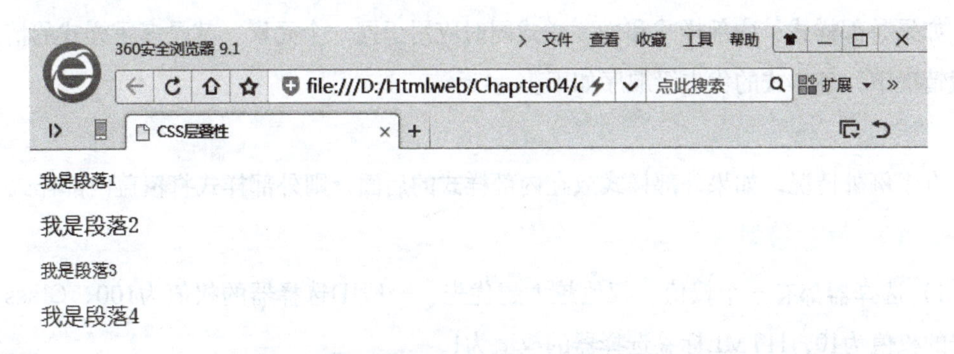

图4-15　CSS的层叠性

从图4-15可以看出，段落1的文本显示了标记选择器p定义的字体大小14px，幼圆字体；段落2应用了类选择器.fontone的样式，字体大小18px；段落3文本应用了id选择器colorone的样式，字体为蓝色；段落4应用了p段落、fontone和colorone的样式，最后显示字体为蓝色、18px、幼圆三个样式，没有冲突的就进行了叠加，有冲突的根据优先级高低来应用。

4.5.3 CSS优先级

浏览器是通过判断CSS优先级，来决定到底哪些属性值是与元素最为相关的，从而作用到该元素上。

CSS选择器的合理组成规则决定了优先级，设计者常用选择器优先级来合理控制元素以达到所需的显示状态，下面具体介绍CSS选择器优先级及权重。

1．CSS 选择器如何计算

1）当CSS选择器权重相同时，则最后声明的CSS选择器覆盖之前的CSS。

2）CSS优先级是根据由每种选择器类型构成的级联字串计算而成的，它不是一个对应相应匹配表达式的权重值。

3）相同的CSS表达式，在DOM结构中的距离不会对元素优先级计算产生影响。

2．CSS 优先级顺序

优先级逐级增加的选择器列表如下。

```
通用选择器<标签选择器<类选择器<属性选择器<伪类<ID选择器
```

3．多重样式（Multiple Styles）

如果外部样式、内部样式和内联样式同时应用于同一个元素，就是多重样式的情况。一般情况下，各样式的优先级顺序如下。

```
外部样式　< 内部样式　< 内联样式
```

有个例外情况，如果外部样式放在内部样式的后面，则外部样式将覆盖内部样式。

4．CSS 优先级规则

1）选择器都有一个权值，权值越大越优先，一般ID选择器的权值为100，Class类选择器的权值为10，HTML标签选择器的权值为1。

2）当权值相等时，后出现的样式表设置要优于先出现的样式表设置。

3）创作者的规则高于浏览者，即网页编写者设置的CSS样式的优先权高于浏览器所设置的样式。

4）继承的CSS样式优先级低于后来指定的CSS样式。

5）在同一组属性设置中标有“!important”规则的优先级最高。

下面通过一个案例来介绍CSS优先级，见demo4-12。

demo4-12

```
<!DOCTYPE HTML PUBLIC "-//W3C//DTD HTML 4.01 Transitional//EN" "http://www.w3.org/TR/html4/loose.dtd">
<html>
<head>
<meta http-equiv="Content-Type" content="text/html; charset=utf-8">
<title>CSS优先级</title>
<style type="text/css">
 p{ color:pink;}/*定义字体颜色为粉色*/
#redP{ color:#F00; } /*定义字体颜色为红色*/
em{ color:#0F6;}/*定义字体颜色为绿色*/
.yellowP{color:#FF0;}/*定义字体颜色为黄色*/
.blueP{ color:#00F;}/*定义字体颜色为蓝色*/
</style>
</head>
<body>
<div id="redP">
<p class="blueP">蓝色文字1 <em>倾斜的绿色文字</em> </p>
</div>
<p  id="redP" class="yellowP">红色的文字2</p>
<p class="blueP">蓝色的文字3</p>
<p>粉色的字体</p>
</body>
</html>
```

下面对demo4-12进行具体分析。

```
<div id="redP">
<p class="blueP">蓝色文字1 <em>倾斜的绿色文字</em> </p>
</div>
```

这里虽然ID选择器优先级最高，但是蓝色文字是在<p>标签内部的文字，所以应用的是blueP的样式，标签选择器优先级比较低，但是“倾斜的绿色文字”是直接放在<em>标签内的，外部虽然有<div>的redP，<p>的blueP样式，还是会应用<em>的标签样式，所以显示的文字颜色是绿色。

```
<p id="redP" class="yellowP">红色的文字2</p>
```

这里既有类选择器也有ID选择器，ID选择器的优先级高，所以文字显示为红色。

运行demo4-12，运行结果如图4-16所示。

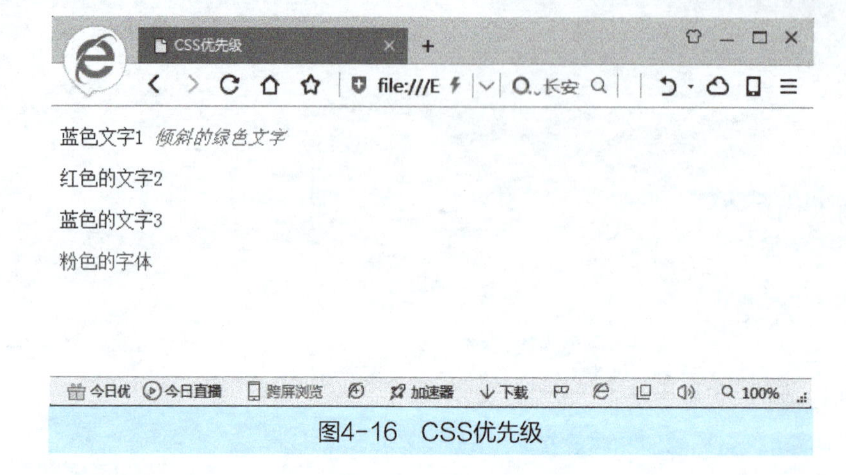

图4-16 CSS优先级

4.6 阶段性案例——百度搜索页面

在本章，我们学习了CSS的样式规则、CSS字体样式及文本外观属性、CSS选择器、复合选择器以及CSS的优先级，下面来看一个小案例。

我们经常使用百度搜索想要知道的信息，在百度搜索框输入“CSS”后出现的搜索结果页面，如图4-17所示。

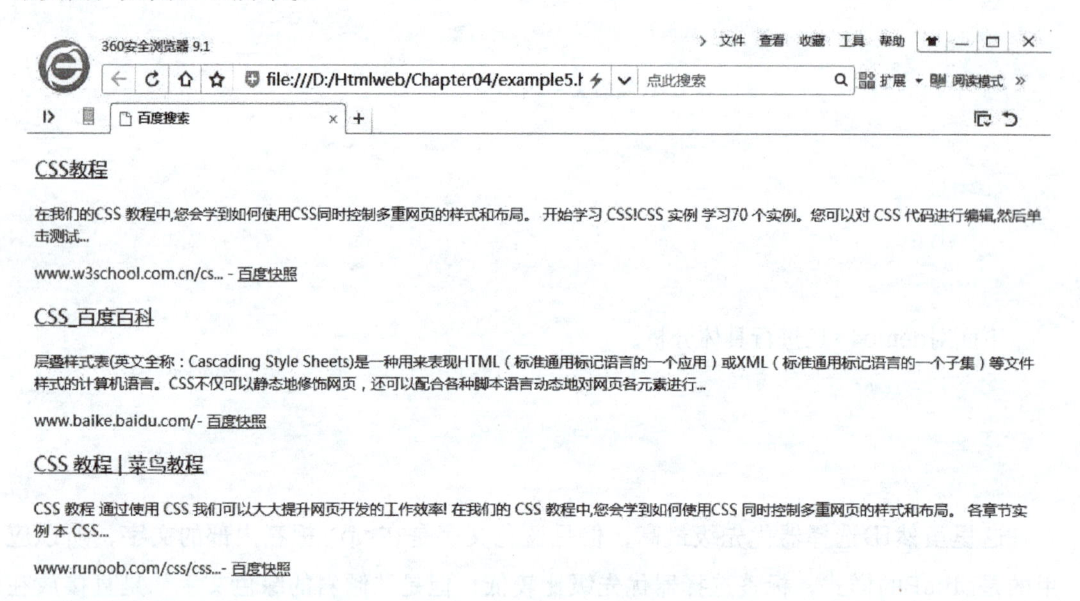

图4-17 百度搜索页面

案例分析

1. 结构分析

图4-17所示的“百度搜索”页面由标题和正文两个部分组成，其中标题部分可以用<h3>标题进行定义，正文部分用三个<p>标签定义。对于特殊显示的文字，所有的“CSS”都是红色的，所以所有的“CSS”可以用<span>标记进行定义，其他的字有蓝色、绿色、灰色的，可以用<em>标记来定义。

2. 样式分析

实现图4-17所示样式的分析思路如下。

1）先给<body>标记设置整个页面的字体、字号和颜色样式。由于CSS的继承性，页面中的文本都会继承这些特性。

2）所有的“CSS”都是红色字体，是用标签来定义的，所以直接给<span>标签添加红色的颜色样式。

3）根据效果给标题添加文本样式，给特殊颜色显示文字的<em>标签分别定义不同的颜色样式。

3. 制作页面结构

根据上面的分析，使用相应的HTML标签来搭建网页结构，见demo4-13。

demo4-13

```
<!DOCTYPE HTML PUBLIC "-//W3C//DTD HTML 4.01 Transitional//EN" "http://www.w3.org/TR/html4/loose.dtd">
<html>
<head>
<meta http-equiv="Content-Type" content="text/html; charset=utf-8">
<title>百度搜索</title>
</head>
<body>
<h3><span>CSS</span>教程</h3>
<p>在我们的<span>CSS</span> 教程中，您会学到如何使用<span>CSS</span>同时控制多重网页的样式和布局。开始学习 <span>CSS</span>!<span>CSS</span> 实例 学习70 个实例。您可以对 <span>CSS</span> 代码进行编辑，然后单击测试...</p>
<p><em >www.w3school.com.cn/cs...</em> -
<em >百度快照</em></p>
<h3><span>CSS</span>_百度百科</h3>
<p>层叠<span>样式表</span>（英文全称：Cascading Style Sheets）是一种用来表现HTML
```

```
(标准通用标记语言的一个应用) 或XML (标准通用标记语言的一个子集) 等文件样式的计算机语言。<span>CSS</span>不仅可以静态地修饰网页，还可以配合各种脚本语言动态地对网页各元素进行...</p>
    <p><em >www.baike.baidu.com/</em>-
    <em>百度快照</em> </p>
    <h3><span>CSS </span>教程 | 菜鸟教程</h3>
    <p><span>CSS </span>教程 通过使用 <span>CSS</span> 我们可以大大提升网页开发的工作效率! 在我们的<span>CSS</span>教程中，您会学到如何使用<span>CSS</span> 同时控制多重网页的样式和布局。各章节实例 本<span> CSS</span>...</p>
    <p><em >www.runoob.com/css/css...</em>-
    <em>百度快照</em> </p>
    </body>
    </html>
```

运行demo4-13，页面结构效果如图4-18所示。

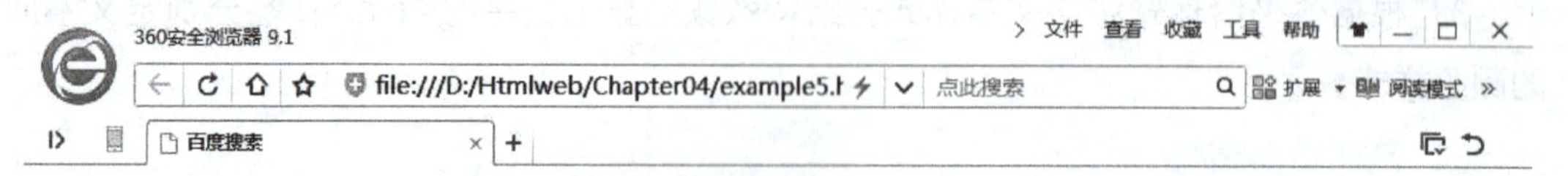

CSS教程

在我们的CSS 教程中,您会学到如何使用CSS同时控制多重网页的样式和布局。 开始学习 CSS!CSS 实例 学习70 个实例。您可以对 CSS 代码进行编辑,然后单击测试...

www.w3school.com.cn/cs... - 百度快照

CSS_百度百科

层叠样式表(英文全称：Cascading Style Sheets)是一种用来表现HTML（标准通用标记语言的一个应用）或XML（标准通用标记语言的一个子集）等文件样式的计算机语言。CSS不仅可以静态地修饰网页，还可以配合各种脚本语言动态地对网页各元素进行...

www.baike.baidu.com/- 百度快照

CSS 教程 | 菜鸟教程

CSS 教程 通过使用 CSS 我们可以大大提升网页开发的工作效率! 在我们的 CSS 教程中,您会学到如何使用CSS 同时控制多重网页的样式和布局。 各章节实例 本 CSS...

www.runoob.com/css/css...- 百度快照

图4-18 HTML页面结构效果

4. 定义 CSS 样式

下面使用CSS对图4-18所示的页面进行修饰，实现图4-17所示效果。这里使用内嵌式CSS样式，步骤如下。

1）添加类名。有一些样式可以用标签选择器直接定义，有一些<em>标签的字体颜色是不一样的，所以给<em>标签添加类样式名。

```
    <p><em class="green">www.w3school.com.cn/cs...</em> - <em class="gray">百度快照</em></p>
    <p><em class="green">www.baike.baidu.com/</em>- <em class="gray">百度快照</em> </p>
    <p><em class="green">www.runoob.com/css/css...</em>- <em class="gray">百度快照</em> </p>
```

2）定义基础样式。

```
body {font-family: "微软雅黑";font-size: 14px; color: #333;}
em {font-style: normal; }
```

3）控制标题部分。

```
h3 {font-size: 18px; font-weight: normal;
text-decoration: underline; color: #0000cc;}
```

4）控制文本部分。

```
span {    color: red;  }
.green {   color: #008000;  }
.gray {    color: #666;   text-decoration: underline;  }
```

至此，完成图4-17所示搜索页面的CSS样式部分。刷新demo4-13所在的页面，如图4-19所示。

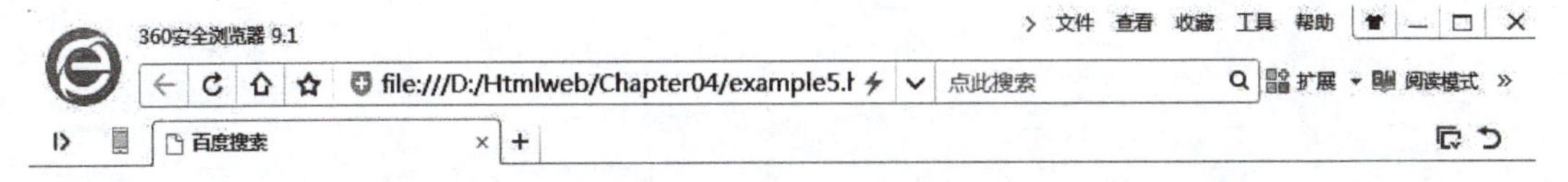

图4-19 CSS控制“百度搜索”效果

第5章　CSS盒子模型

学习目标

1）了解什么是CSS的盒子模型。

2）理解CSS盒子模型中涉及的边距、填充的区别。

3）能够用CSS盒子模型对元素进行样式设置。

4）理解盒子模型中边距折叠的概念以及如何避免边距折叠。

所有HTML元素都可以看作盒子，在CSS中，“box model”这一术语是在设计和布局时使用的。CSS盒子模型本质上是一个盒子，封装HTML元素，包括边距、边框、填充和实际内容。盒子模型允许在其他元素和周围元素边框之间的空间放置元素。

5.1 什么是盒子模型

网页设计中常见的属性，如内容（content）、填充（padding）、边框（border）和边距（margin），CSS盒子模式都具备。它像日常生活中所用的盒子一样，具有边框和边界，能装东西，所以称为盒子模式。

CSS盒子模型是在网页设计中经常用到的CSS技术所使用的一种思维模型，如图5-1所示。

图5-1 CSS盒子模型

1）边距（margin）：边框外的区域，边距是透明的。

2）边框（border）：围绕在填充和内容外的边框。

3）填充（padding）：内容周围的区域，填充是透明的，类似填充进箱子里面的泡沫或辅料。

4）内容（content）：盒子里面装的东西，显示为文本和图像。

填充、边框和边距都是可选的，默认值是零。但是，许多元素是由用户代理样式表设置边距和填充的，可以通过将元素的margin和padding设置为零来覆盖这些浏览器样式。这种设置可以分别进行，也可以使用通用选择器对所有元素进行设置，见demo5-1。

demo5-1

```
*{
    margin:0px;
    padding:0px;
}
```

5.2 盒子模型相关属性

要正确设置元素在所有浏览器中的真实宽度和高度，首先要知道盒子模型是如何工作的。

5.2.1 填充、边距属性

盒子模型的填充、边距如图5-2所示。

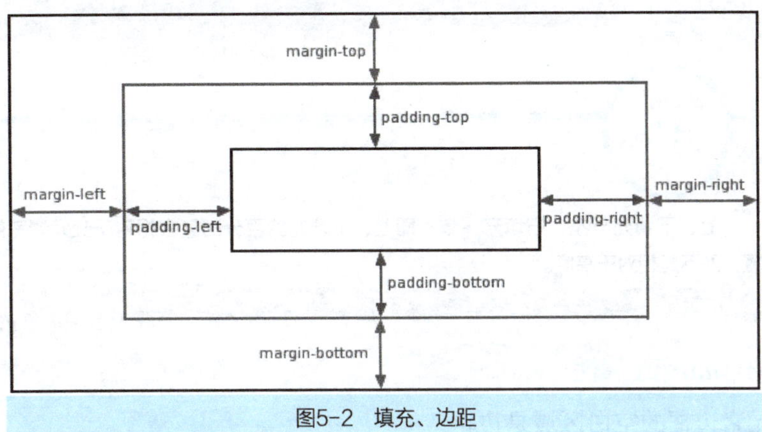

图5-2 填充、边距

1．填充：padding属性

元素的填充在边框和内容之间。控制该区域最简单的属性是padding属性，用来定义元素边框与元素内容之间的空白区域。

padding属性允许使用长度值或百分比值，但不允许使用负值。

例如，如果希望所有h1元素的各边都有10像素的填充代码如下：

```
h1 {padding：10px；}
```

还可以按照上、右、下、左的顺序分别设置各边的填充值，各边均可以使用不同的单位或百分比值，代码如下：

```
h1 {padding：10px 0.25em 2ex 20%；}
```

可以使用下面4个单独的属性，分别设置上、右、下、左填充值。

1）padding-top。

2）padding-right。

3）padding-bottom。

4）padding-left。

下面的规则实现的效果与上面的简写规则是完全相同的，见demo5-2。

demo5-2

```
h1 {
  padding-top：10px；
  padding-right：0.25em；
  padding-bottom：2ex；
  padding-left：20%；
  }
```

前面提到过，可以为元素的填充设置百分比值。百分比值是相对于其父元素的 width 计算的，这一点与边距一样。所以，如果父元素的width改变，它们也会改变。

下面这条规则把段落的填充设置为父元素width的10%：

```
p {padding：10%;}
```

上、下填充与左、右填充一致；即上、下填充的百分比值会相对于父元素宽度设置，而不是相对于高度。

2．边距：margin 属性

围绕着元素边框的空白区域是边距。

设置边距最简单的方法就是使用margin属性，这个属性允许使用长度值、百分比值或负值。

margin属性可以单独设置元素的上、下、左、右边距，也可以一次改变所有的边距属性。

下面的代码在div元素的各个边上设置了25px的空白。

```
div {margin ：25px;}
```

也可以对上、下、左、右不同边距设置不同的边距值，见demo5-3。

demo5-3

```
div {margin ：20px 25px 15px 30px;}
```

5.2.2 盒子的宽高

当指定一个CSS元素的宽度和高度属性时，只是设置内容区域的宽度和高度，还必须添加填充、边框和边距。

在BODY中添加一个DIV元素，见demo5-4。

demo5-4

```
<body>
<div></div>
</body>
```

其CSS样式设置为：

```
<style>
    div{
```

```
        width:300px;
        border:25px solid green;
        padding:25px;
        margin:25px;
    }
</style>
```

此时，DIV的宽度不只是300px，还需要添加上border、padding和margin的值。

DIV的实际高度为content（内容）的高度+padding高度+border宽度+margin高度。

元素实际宽度的计算公式为：

元素的实际宽度=宽度+左填充+右填充+左边框+右边框+左边距+右边距

元素实际高度的计算公式为：

元素的实际高度=高度+顶部填充+底部填充+上边框+下边框+上边距+下边距

在CSS中，width和height指的是内容区域的宽度和高度。增加填充、边框和边距不会影响内容区域的尺寸，但是会增加元素宽度和高度的总尺寸。

假设元素的每个边上有10px的边距和5px的填充。如果希望这个元素宽度达到100px，在边框设置为0px的时候，就需要将内容的宽度设置为70px（border为0px，无边框线），如图5-3所示。

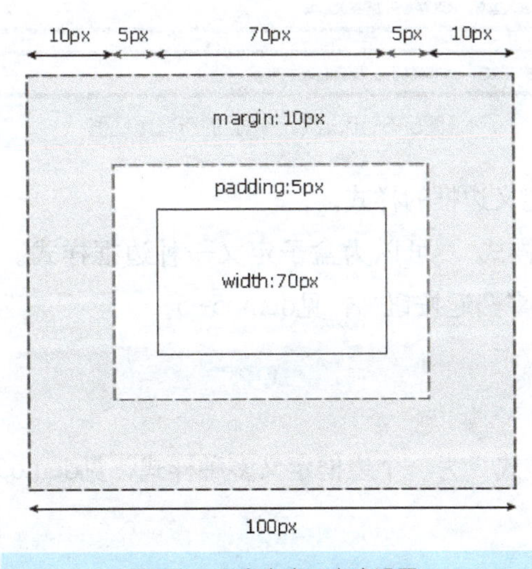

图5-3 元素宽度及高度设置

5.2.3 盒子边框及背景

元素的边框（border）是围绕元素内容+填充的一条或多条线。border属性允许规定元素边框的样式、宽度和颜色，如图5-4所示。

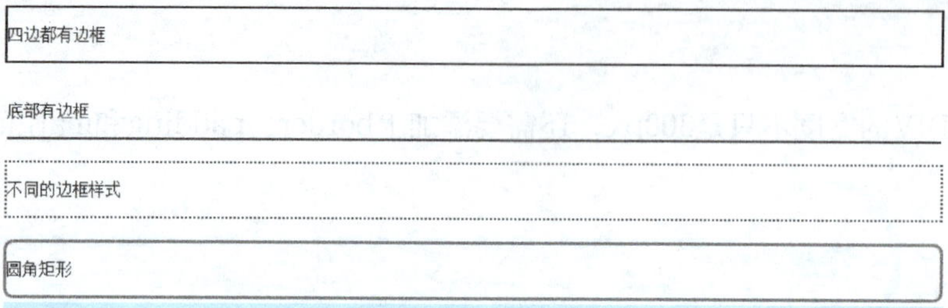

四边都有边框

底部有边框

不同的边框样式

圆角矩形

图5-4　不同的边框样式

1．边框的样式

样式是边框最重要的属性，样式控制着边框的显示，如果没有样式，也就没有边框。

CSS的border-style属性定义了10个不同的非inherit样式，包括none和hidden，如图5-5所示。

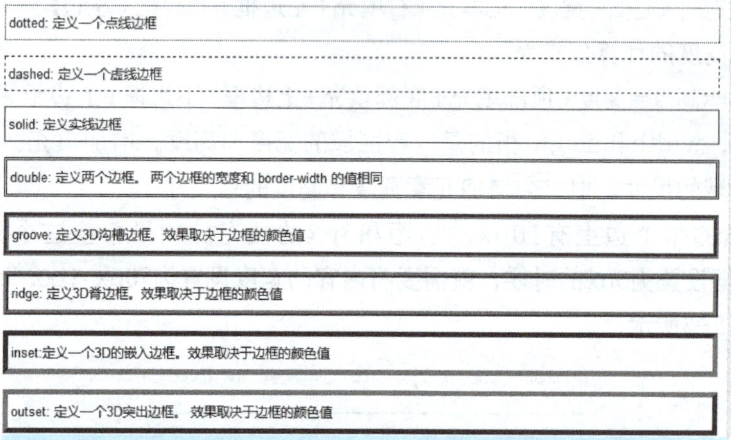

dotted: 定义一个点线边框

dashed: 定义一个虚线边框

solid: 定义实线边框

double: 定义两个边框。两个边框的宽度和 border-width 的值相同

groove: 定义3D沟槽边框。效果取决于边框的颜色值

ridge: 定义3D脊边框。效果取决于边框的颜色值

inset:定义一个3D的嵌入边框。效果取决于边框的颜色值

outset: 定义一个3D突出边框。效果取决于边框的颜色值

图5-5　border-style的所有属性值

可以根据需要，来定义边框的样式。

（1）定义一种边框样式　可以为盒子定义一种边框样式。如把盒子的边框定义为outset，使之看上去像是“凸起按钮”，见demo5-5。

demo5-5

```
div {border-style: outset;}
```

（2）定义多种边框样式　为一个边框定义多种样式，见demo5-6。

demo5-6

```
div {border-style: solid dotted dashed double;}
```

以上代码为一个div元素定义了4种边框样式：实线上边框、点线右边框、虚线下边框和一个双线左边框。

这里的值采用了top-right-bottom-left的顺序，用多个值设置不同填充时也采用这个顺序。“上-右-下-左”是常用顺序，因此要牢记。

（3）定义单边样式　可以为元素的某一个边框设置边框样式，而不是为四个边框都设置样式。这在某些设计中也是比较常用的。在设置单边样式的时候，可以用以下几个样式属性。

1）border-top-style，上边框样式。

2）border-right-style，右边框样式。

3）border-bottom-style，下边框样式。

4）border-left-style，左边框样式。

定义一个底部边框，边框类型为点线边框，代码见demo5-7。

demo5-7
```
div {border-bottom-style: dotted;}
```

2. 边框的宽度

可以通过border-width为边框指定宽度。宽度值可以是数值，如2px或0.1em，或是3个关键字之一，如thin、medium（默认值）和thick。但是由于浏览器的兼容性不同，通常会采用数值的形式来定义边框的宽度。

定义边框宽度的代码见demo5-8。

demo5-8
```
div { border-style: solid;  border-width: 2px;}
```

以上代码定义元素的边框为实线边框，宽度为2px。

也可以定义单边宽度，按照“上-右-下-左”的顺序来进行设置，代码见demo5-9。

demo5-9
```
div { border-style: solid;  border-width: 2px 5px 3px 0px ;}
```

以上代码定义了一个四边边框不同宽度的元素。也可以通过下列属性分别设置边框各边的宽度。

1）border-top-width。

2）border-right-width。

3）border-bottom-width。

4）border-left-width。

以下的代码与demo5-9是等价的。

```
div {
  border-style：solid；
  border-top-width：2px；
  border-right-width：5px；
  border-bottom-width：3px；
  border-left-width：0px；
  }
```

注意

如果把border-style设置为none，无论边框宽度设置为何值，也不会显示出来。这是因为如果边框样式为 none，即边框根本不存在，那么边框就不可能有宽度，因此边框宽度自动设置为 0，而不论原先定义的是什么。

举例如下：

```
p {border-style：none；border-width：50px；}
```

根据代码，即使border-width设置为50px，由于边框样式设置为none，那么边框也是看不到的。

3．边框的颜色

使用border-color来设置边框的颜色，其设置方式与边框样式及边框宽度的设置方式一致。

该属性一次最多可以接收四个参数，最少接收一个参数，可以用来分别设置单边边框的颜色，或是设置全边框的颜色。而当参数为两个的时候，分别表示上下边框、左右边框。

其属性值可以使用任何类型的颜色值，例如可以是颜色命名，如red、blue等，也可以是十六进制颜色值或RGB值。

举例如下：

定义一个P元素，其边框样式为实线线型，边框颜色为红色，见demo5-10。

demo5-10

```
p {
  border-style：solid；
  border-color：red；
  }
```

定义一个P元素，其边框颜色按照“上-右-下-左”的顺序分别为4种颜色，见demo5-11（1）。

demo5-11（1）

```
p {
  border-style：solid；
  border-color：blue rgb(25%,35%,45%) #909090 red；
  }
```

定义一个P元素，其边框颜色分别为：左右边框颜色为红色，上下边框颜色为蓝色，见demo5-11（2）。

demo5-11（2）

```
p {
  border-style：solid；
  border-color：blue red；
  }
```

定义一个P元素，该元素只有底部边框颜色为红色，其他边框线颜色为黑色，见demo5-11（3）。

demo5-11（3）

```
p {
  border-style：solid；
  border-color：black；
  border-bottom-color：red；
  }
```

设置单边边框颜色属性与设置单边样式和宽度属性的方式相同。

1）border-top-color。

2）border-right-color。

3）border-bottom-color。

4）border-left-color。

CSS2还引入了边框颜色值transparent。这个值用于创建有宽度的不可见边框，见demo5-12（1）。

demo5-12（1）

```
<a href="#">AAA</a>
<a href="#">BBB</a>
<a href="#">CCC</a>
```

我们为上面的链接定义了如下样式，见demo5-12（2）。

demo5-12（2）

```
a:link, a:visited {
  border-style: solid;
  border-width: 5px;
  border-color: transparent;
  }
a:hover {border-color: gray;}
```

从某种意义上说，利用transparent，边框就像是额外的填充一样；此外还有一个好处，就是能在需要的时候使其可见。这种透明边框相当于填充，因为元素的背景会延伸到边框区域（如果有可见背景的话）。

注意

默认的边框颜色是元素本身的前景色。如果没有为边框声明颜色，它将与元素的文本颜色相同。另外，如果元素没有任何文本，假设它是一个表格，其中只包含图像，那么该表的边框颜色就是其父元素的文本颜色（因为color可以继承）。这个父元素很可能是body、div或另一个table。

4．边框与背景

CSS规范指出，边框绘制在“元素的背景之上”。这很重要，因为有些边框是“间断的”（如点线边框或虚线边框），元素的背景应当出现在边框的可见部分之间。

CSS2指出背景只延伸到填充，而不是边框。后来CSS2.1进行了更正：元素的背景是内容、填充和边框的背景。大多数浏览器都遵循CSS2.1的定义，不过一些较早版本的浏览器可能会有不同的表现。

5.3 元素类型

5.3.1 元素基本类型

在CSS中，HTML中的标签元素大体被分为三种不同的类型：块状元素、内联元素（又称为行内元素）和内联块状元素。下面就介绍一下这三种不同类型元素的特点。

1．块状元素（block）

块状元素在网页中就是以块的形式显示，所谓块状是指元素显示为矩形区域。

常用的块状元素有div、dl、dt、dd、ol、ul、fieldset、（h1～h6）、p、form、hr、

colgroup、col、table、tr、td等，也可以通过设置display为block将元素设置为块元素。

以下代码就是将内联元素a转换为块状元素，从而使a元素具有块状元素特点。

```
a { display：block；}
```

块状元素有如下特点。

1）每个块状元素都从新的一行开始，并且其后的元素也另起一行。

2）元素的高度、宽度、行高以及顶边距和底边距都可设置。

3）元素宽度在不设置的情况下，是它本身父容器的100%（和父元素的宽度一致），除非设定一个宽度。

4）块状元素一般都作为其他元素的容器，可以容纳其他内联元素和其他块状元素，可以把这种容器比喻为一个盒子，如图5-6所示。

图5-6 块状元素

布局代码见demo5-13。

demo5-13

```
<body>
<div>我是一个块元素</div>
<p>我也是一个块元素。别看我个头小，我依然自己占据一整行的空间。</p>
<ul>
<li>我们都是块元素哦~</li>
<li>我们都是块元素哦~</li>
<li>我们都是块元素哦~</li>
</ul>
</body>
```

样式代码如下。

```
<style>
div{ width:800px; height:200px; background:red;}
p{ width:100px; height:100px; background:black; color:#fff;}
ul{ width:600px;}
ul>li{ height:65px; background:#F8E24F; border-bottom:2px solid blue;}
</style>
```

2. 内联元素（inline）

内联元素也称为行内元素，其表现形式是始终以行内逐个进行显示，它没有自己的形状，其宽高完全依赖于内容的宽高。

常见的内联元素有：<a><span>
<i><em><strong><label><q><var><cite><code>。

内联元素的特点如下

1）和其他元素都在一行上。

2）元素的高度、宽度、顶部边距和底部边距不可设置。

3）元素的宽度就是它包含的文字或图片的宽度，不可改变。

4）内联元素也会遵循盒子模型基本规则，如可以定义padding、border、margin、background等属性，但个别属性值不能正确显示。

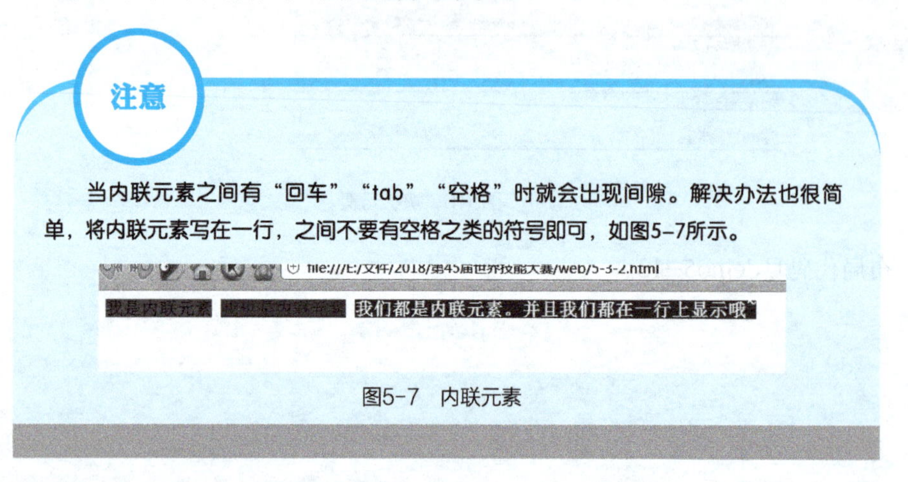

图5-7　内联元素

布局代码见demo5-14。

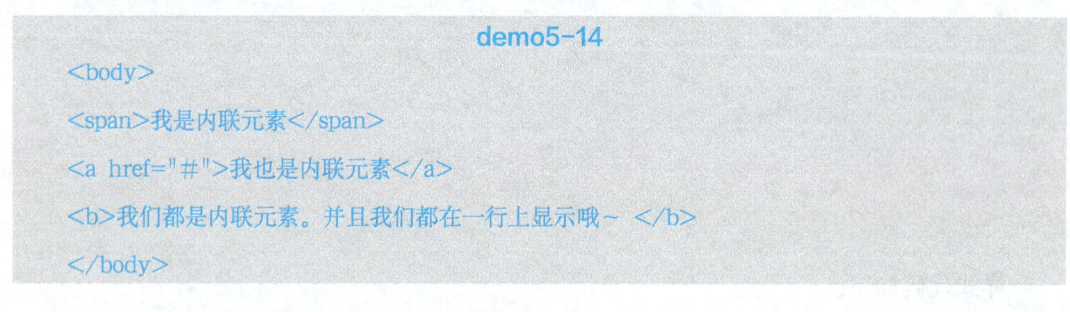
demo5-14

```
<body>
<span>我是内联元素</span>
<a href="#">我也是内联元素</a>
<b>我们都是内联元素。并且我们都在一行上显示哦~ </b>
</body>
```

样式代码如下。

```
<style>
body{ font-size:20px;}
span{ background: red;}
a{ background: green; width:100px; height:100px;}
b{ background: blue; color:#fff;}
</style>
```

在以上代码中，有以下几点需要注意。

1）a标签定义了宽度高度，但是并没有显示。

2）在最终的浏览器显示结果中，由于这三个元素并没有写在一行，所以中间出现了间隙。

3. 内联块状元素（inline-block）

内联块状元素同时具备内联元素和块状元素的特点，<img><input>标签就是这种内联块状元素标签。

常见的内联块状元素有img、input、textarea。

内联块状元素有如下特点。

1）和其他元素都在一行上。

2）元素的高度、宽度、行高、顶边距和底边距都可设置。

5.3.2 <div>与<span>元素

在HTML中，经常会用到<div>和<span>元素，尤其是前者。通常在网页制作的过程中，会通过<div>和<span>将HTML元素组合起来。

div元素的特点如下。

1）HTML中的<div>元素是块状元素，它是可用于组合其他HTML元素的容器。

2）<div>元素没有特定的含义。除此之外，由于它属于块状元素，浏览器会在其前后显示折行。

3）如果与CSS一同使用，<div>元素可用于对大的内容块设置样式属性。

4）<div>元素的另一个常见的用途是文档布局。它取代了使用表格定义布局的方法。使用<table>元素进行文档布局不是表格的正确用法。<table>元素的作用是显示表格化的数据。

span元素的特点如下。

1）HTML中的<span>元素是内联元素，可用作文本的容器。

2）<span>元素没有特定的含义。

3）当与CSS一同使用时，<span>元素可用于为部分文本设置样式属性。

下面以一个案例来介绍<div>元素和<span>元素，如图5-8所示。

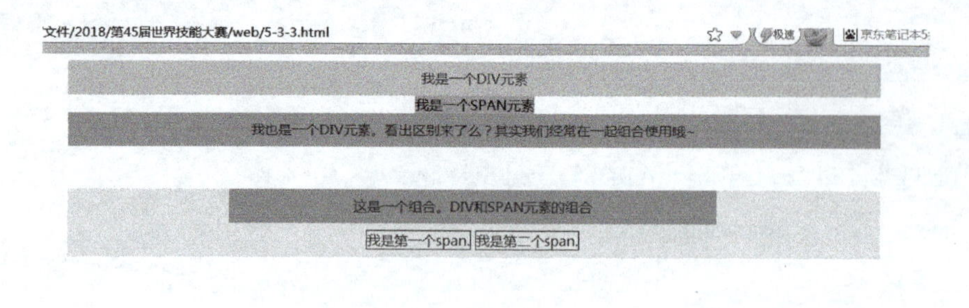

图5-8　<div>元素和<span>元素相结合

布局代码见demo5-15。

demo5-15

```
<body>
<div id="aa">我是一个DIV元素</div>
<span id="bb">我是一个SPAN元素</span>
<div id="cc">我也是一个DIV元素。看出区别来了么？其实我们经常在一起组合使用哦~ </div>
<div id="dd">
<div>这是一个组合。DIV和SPAN元素的组合</div>
<span>我是第一个span.</span>
<span>我是第二个span.</span>
</div>
</body>
```

样式代码如下。

```
<style>
body{ font-size:16px; font-family:"微软雅黑"; text-align:center;}
div{ width:60%; height:auto; text-align:center; line-height:40px; color:#3B3A3A;
margin:0px auto;}
#aa{ background:#9AEDC3;}
#bb{ background:#D7B7ED;}
#cc{ background:#90C0E7;}

#dd{ background:#F3F28F; margin-top:50px;}
#dd div{ background:#F59CAF;}
#dd span{ border:1px solid #000;}
</style>
```

以上代码实现了<div>元素与<span>元素的结合。

5.3.3 元素类型的转换

盒子模型可通过修改display属性来改变默认的显示类型。它能够实现块状元素和内联元素之间的转换。

display的属性值有block/inline/inline-block/none/list-item等。

各属性值的作用如下。

1）block块状显示。类似在元素后面添加换行符，也就是说其他元素不能在其后面并列显示，也就是让元素竖排显示。

2）inline内联显示。在元素后面删除换行符，多个元素可以在一行内并列显示，也就是让元素横排显示。

3）inline-block行内块元素显示。元素的内容以块状显示，行内的其他元素显示在同一行。

4）none。此元素不会被显示。

5）list-item。将元素转换成列表。li的默认类型。

大部分块状元素display属性值默认为block，其中列表的默认值为list-item。

大部分内联元素的display属性值默认为inline、其中img、input默认值为inline-block。

举例如下：

将块状元素div重新设置为内联元素，将内联元素a设置为inline-block元素。此时，a既具有块状元素的特点（可以设置宽度、高度等属性），又具有内联元素的特点（在一行显示）。

```
<style>
    div { display:inline; }
    a { display:inline-block;}
</style>
```

这种元素转换的特性常被用在UL列表中。

5.4 块状元素垂直边距的合并

边距合并，也称为折叠，指的是当两个垂直边距相遇时，它们将形成一个边距。合并后的边距高度等于两个发生合并的边距高度中的较大者。

通常我们说的合并，都是垂直方向上的合并，水平方向不存在合并。

5.4.1 相邻块状元素垂直边距的合并

标准模式下，上下两个的块状元素，margin是会合并的，并且以最大的那个间距为准（都为正数），见demo5-16。

demo5-16

```
<body>
<div  class="wrapper"></div>
<div  class="wrapper"></div>
</body>
<style>
.wrapper{   width：100px；
height:50px;
margin:10px;
 background-color：#dedede;
}
</style>
```

边距合并如图5-9所示，合并部分高度为10px。

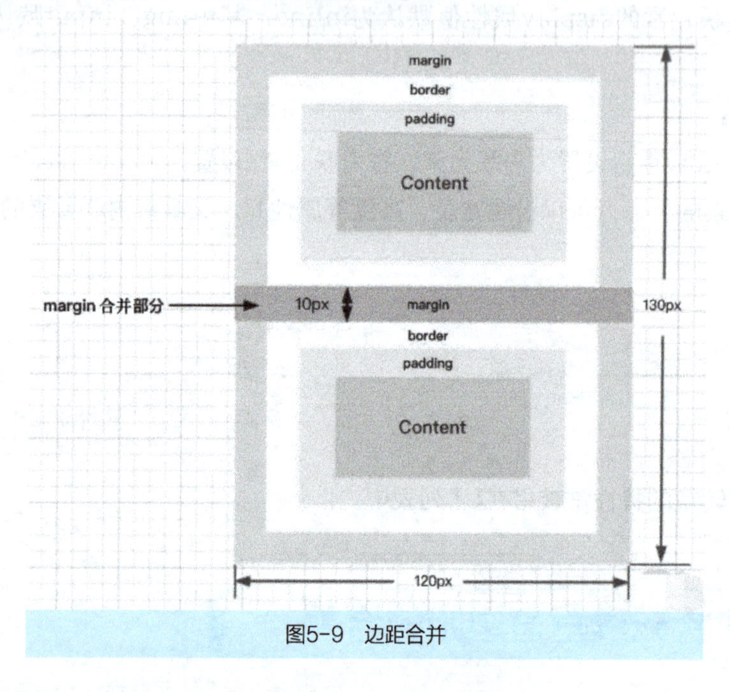

图5-9　边距合并

5.4.2 嵌套块状元素垂直边距的合并

嵌套块状元素垂直边距的合并，常见于第一个子元素的margin-top会顶开父元素与父元素相邻元素的间距，而且只在标准浏览器下（FireFox、Chrome、Opera、Safri）产生问题，IE下反而表现良好。代码（IE下表现“正常”，标准浏览器下查看出现“bug”）见demo5-17。

demo5-17

```
<style>
.top{width:160px; height:50px; background:#ccf;}
.middle{width:160px; background:#cfc;}
.middle .firstChild {margin-top:20px;}
</style>
<body>
<div class="top"></div>
<div class="middle">
<div class="firstChild">我其实只是想和我的父元素隔开点距离。</div>
<div class="secondChild"></div>
</div>
</body>
```

运行结果如图5-10所示。

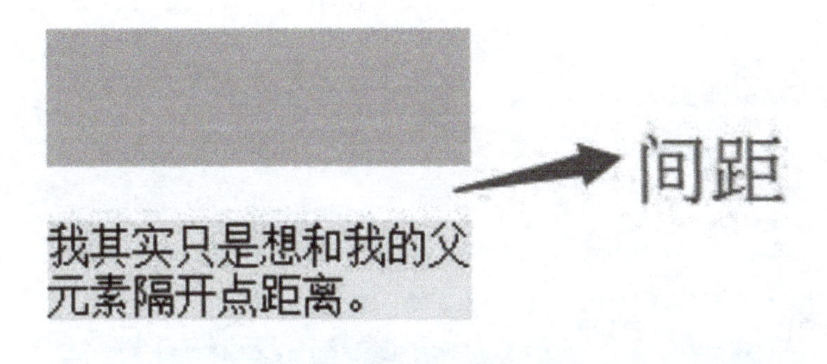

图5-10 边距合并中的父子合并

如果按照CSS规范，IE的“良好表现”其实是一个错误的表现，因为IE的hasLayout渲染导致了这个“表现良好”的外观。而其他标准浏览器则会表现出“有问题”的外观。这个问题发生的原因是根据规范，一个盒子如果没有上填充（padding-top）和上边框（border-top），那么这个盒子的上边距会和其内部文档流中的第一个子元素的上边距重叠。也就是说，父元素的第一个子元素的上边距margin-top如果碰不到有效的border或者padding，就会不断一层一层地找自己“领导”（父元素、祖先元素）的麻烦。只要给父元素设置个有效的border或者padding，就可以有效地防止margin越级。

5.5 阶段性案例——多图像显示效果

多图像显示效果如图5-11所示。

图5-11 多图像显示效果

布局代码见demo5-18。

demo5-18

```
<<!DOCTYPE html>
<html>
<head>
<title>box.html</title>

<meta http-equiv="keywords" content="keyword1,keyword2,keyword3">
<meta http-equiv="description" content="this is my page">
<meta http-equiv="content-type" content="text/html; charset=UTF-8">

<link rel="stylesheet" href="../css/box.css" type="text/css"></link>
</head>

<body>
<div class="div1">
<ul class="faceul">
<li><img src="/HTML/img/cat2.jpg"/><br/><a href="#">小猫</a></li>
<li><img src="/HTML/img/cat2.jpg"/><br/><a href="#">小猫</a></li>
<li><img src="/HTML/img/cat2.jpg"/><br/><a href="#">小猫</a></li>
```

```
<li><img src="/HTML/img/cat2.jpg"/><br/><a href="#">小猫</a></li>
<li><img src="/HTML/img/cat2.jpg"/><br/><a href="#">小猫</a></li>
<li><img src="/HTML/img/cat2.jpg"/><br/><a href="#">小猫</a></li>
<li><img src="/HTML/img/cat2.jpg"/><br/><a href="#">小猫</a></li>
<li><img src="/HTML/img/cat2.jpg"/><br/><a href="#">小猫</a></li>
<li><img src="/HTML/img/cat2.jpg"/><br/><a href="#">小猫</a></li>
<li><img src="/HTML/img/cat2.jpg"/><br/><a href="#">小猫</a></li>
<li><img src="/HTML/img/cat2.jpg"/><br/><a href="#">小猫</a></li>
<li><img src="/HTML/img/cat2.jpg"/><br/><a href="#">小猫</a></li>
</ul>
</div>
</body>
</html>
```

样式代码如下。

```
body{
    margin：0px；
    padding：0px；
}

/*用于控制显示的位置*/
.div1{
    width：500px；
    height:300px；
    border:1px solid #b4b4b4；
    margin-left：400px；
    margin-top：100px；
}

/*用于控制显示图像区域的宽度和高度*/
.faceul{
    width：450px；
    height：280px；
    border:1px solid red；
    margin-left：0px；
    list-style-type：none；
}
```

```
/*用于控制单个图像区域大小*/
.faceul li{
    widows：50px；
    height：85px；
    border：1px solid blue；
    float：left；
    margin-left：5px；
    margin-top：5px；

}

.faceul a{
    font-size：12px；
    margin-left：25px；
}

.faceul img{
    width：90px；
    margin-top：2px；
}

a:LINK {
    text-decoration：none；
    color：red；
}

a:HOVER {
    text-decoration：underline；
    color:blue；
}

a:VISITED {
    color：gray；
}
</style>
```

第 6 章　浮动与定位

学习目标

1）了解浮动的概念。

2）了解定位的概念。

3）掌握浮动的设置方式及其特点。

4）掌握常用的几种定位方式，并了解每种定位方式的特性。

5）能够利用浮动进行元素设置。

6）能够利用定位方式进行元素设置。

在网页布局中，经常会频繁地将元素在各种位置上进行排版。要获得精美的网页排版就要用到float和position，即浮动和定位。但是如果不会使用，或者使用不当，就会出现很多问题。比如在浏览器缩小页面布局就会出现混乱，很多时候就是使用float或是position不当而造成的。在本章中，我们将一起来学习浮动和定位的使用方法。

6.1 浮动

在网页制作过程中，经常会遇到一些页面布局的问题。为了能够让页面布局更加灵活和多样化，CSS引入了浮动和定位的概念。

6.1.1 浮动的概念

什么是浮动？CSS的浮动，会使元素向左或向右移动，其周围的元素也会重新排列。但元素只能进行水平浮动，向左或向右，而无法进行垂直浮动，即无法向上或向下移动。浮动有以下特点。

1）一个浮动元素会尽量向左或向右移动，直到它的外边缘碰到包含框或另一个浮动框的边框为止。

2）浮动元素之后的元素将围绕它。

3）浮动元素之前的元素不会受到影响。

4）浮动元素不在文档的普通流中，所以文档中普通流里的块表现得就像浮动元素不存在一样。

如果图像是右浮动，下面的文本流将环绕在它左边，如图6-1所示。

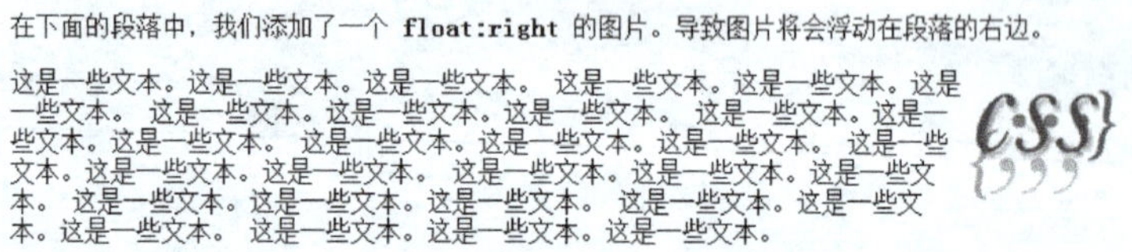

在下面的段落中，我们添加了一个 **float:right** 的图片。导致图片将会浮动在段落的右边。

这是一些文本。这是一些文本。这是一些文本。 这是一些文本。这是一些文本。这是一些文本。 这是一些文本。这是一些文本。这是一些文本。 这是一些文本。这是一些文本。这是一些文本。 这是一些文本。这是一些文本。这是一些文本。 这是一些文本。这是一些文本。这是一些文本。 这是一些文本。这是一些文本。这是一些文本。 这是一些文本。这是一些文本。这是一些文本。 这是一些文本。这是一些文本。这是一些文本。

CSS

图6-1 图像右浮动

代码见demo6-1。

demo6-1

```
<style>
img {float:right;}
</style>


<body>
<p>在下面的段落中，我们添加了一个<b>float:right</b>的图像。导致图像将会浮动在段落的右边。</p>
<p>
<img src="logocss.gif" width="95" height="84" />
这是一些文本。这是一些文本。这是一些文本。
```

```
这是一些文本。这是一些文本。这是一些文本。
这是一些文本。这是一些文本。这是一些文本。
这是一些文本。这是一些文本。这是一些文本。
这是一些文本。这是一些文本。这是一些文本。
这是一些文本。这是一些文本。这是一些文本。
这是一些文本。这是一些文本。这是一些文本。
这是一些文本。这是一些文本。这是一些文本。
这是一些文本。这是一些文本。这是一些文本。
这是一些文本。这是一些文本。这是一些文本。
</p>
</body>
```

6.1.2 浮动的设置

元素浮动使用float属性来进行设置。该属性有left和right两个属性值比较常用。

设置元素浮动的方式很简单，如以下代码。

```
<style>
    div{ float：left；}      //向左浮动
    div{ float：right；}     //向右浮动
</style>
```

当对多个元素进行设置时，有以下几种情况。

1）不浮动情况，如图6-2所示。

图6-2　不浮动情况

代码见demo6-2。

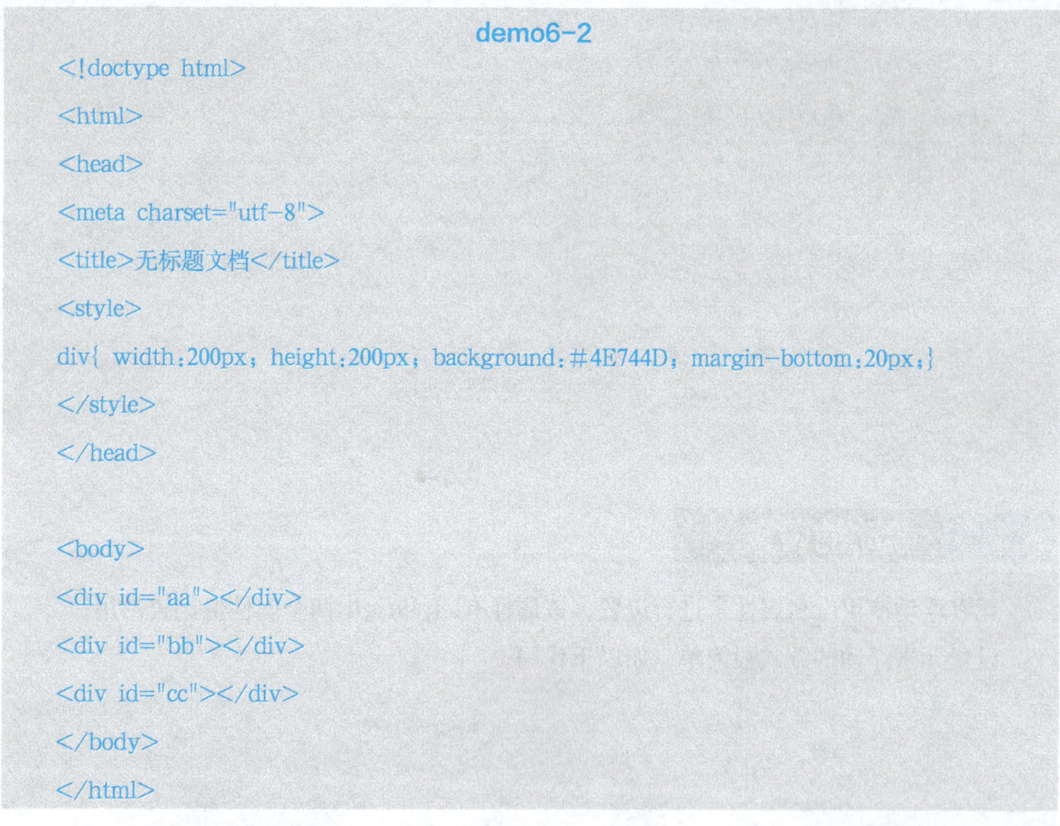

demo6-2

```
<!doctype html>
<html>
<head>
<meta charset="utf-8">
<title>无标题文档</title>
<style>
div{ width:200px; height:200px; background:#4E744D; margin-bottom:20px;}
</style>
</head>

<body>
<div id="aa"></div>
<div id="bb"></div>
<div id="cc"></div>
</body>
</html>
```

2）AA元素向右浮动情况，如图6-3所示。

图6-3　一个元素右浮动情况

AA元素会一直向右，一直到碰到边界为止。

代码见demo6-3。

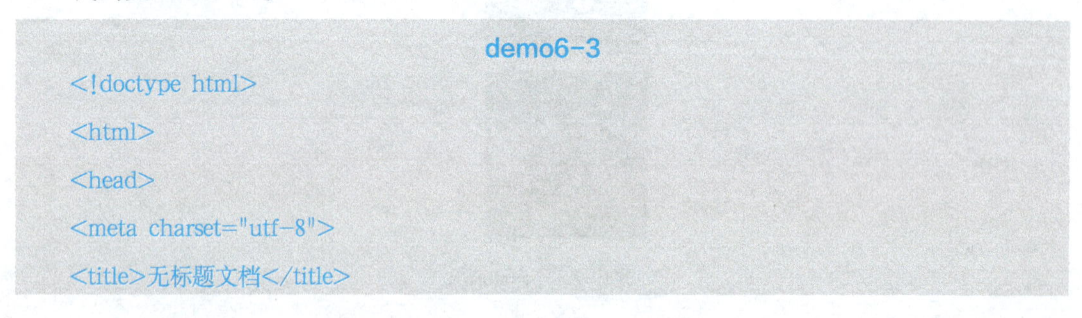

demo6-3

```
<!doctype html>
<html>
<head>
<meta charset="utf-8">
<title>无标题文档</title>
```

```
<style>
div{ width:200px; height:200px; background:#4E744D; margin-bottom:20px; text-align:center; line-height:200px; font-size:40px; color:#fff; font-weight:bold;}
#aa{ float:right;}
</style>
</head>

<body>
<div id="aa">AA</div>
<div id="bb">BB</div>
<div id="cc">CC</div>
</body>
</html>
```

3）AA、BB向右浮动情况，如图6-4所示。

BB也会向右移动，直到碰到前一个浮动元素为止。

图6-4　两个元素右浮动情况

代码见demo6-4。

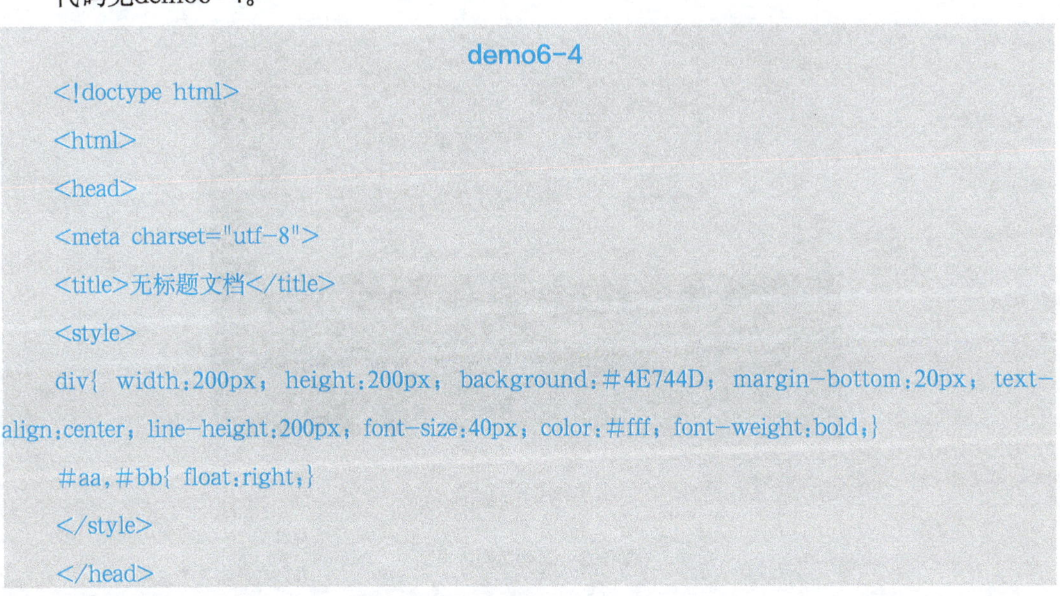

demo6-4

```
<!doctype html>
<html>
<head>
<meta charset="utf-8">
<title>无标题文档</title>
<style>
div{ width:200px; height:200px; background:#4E744D; margin-bottom:20px; text-align:center; line-height:200px; font-size:40px; color:#fff; font-weight:bold;}
#aa,#bb{ float:right;}
</style>
</head>
```

```
<body>
<div id="aa">AA</div>
<div id="bb">BB</div>
<div id="cc">CC</div>
</body>
</html>
```

4）3个元素全部向右浮动，如图6−5所示。

图6−5　3个元素全部右浮动的情况

CC元素也会向右移动，直到碰到上一个浮动元素为止。

这里代码中只需要加上“#CC”即可，见demo6−5。

demo6−5

```
#aa，#bb，#cc{ float:right;}
```

读者可以根据这几个例子，练习一下向左浮动、向左及向右的浮动效果。

6.1.3 浮动案例实现

浮动案例效果图如图6−6所示。

图6−6　浮动案例效果图

代码见demo6-6。

demo6-6

```
<!doctype html>
<html>
<head>
<meta charset="utf-8">
<title>无标题文档</title>
<style>
.outer{ margin:0px auto; width:800px; height:600px; background:#F1EA84;}
.outer ul{ width:700px; height:300px; list-style:none; margin:0px; padding:0px;
float:left;}
.outer ul>li{ float:left; width:350px; height:150px; float:left;}
#bb{ width:100px; height:300px; background:#596AEC; float:left;}
#cc{ width:800px; height:50px; background:#8E1012; float:left;}
#dd,#ee{ width:400px; height:150px; float:left;}
#dd{ background:#0F8842;}
#ee{ background:#1D746B;}
</style>
</head>

<body>
<div class="outer">
<ul>
<li style="background:#F38E8F;"></li>
<li style="background:#C797F0;"></li>
<li style="background:#7BEAF0;"></li>
<li style="background:#E4B464;"></li>
</ul>
<div id="bb"></div>
<div id="cc"></div>
<div id="dd"></div>
<div id="ee"></div>
</div>
</body>
</html>
```

注意

在不同情况下，浮动的设置也是不同的。一般情况下，互为兄弟结点的元素，如果有一个元素设置了浮动，那么其他兄弟元素最好也设置浮动。否则会在浏览器预览的过程中出现布局错乱的情况。

6.2 定位

CSS为定位和浮动提供了一些属性，利用这些属性，可以建立列式布局，将布局的一部分与另一部分重叠，还可以完成通常需要使用多个表格才能完成的任务。

6.2.1 定位的概念

定位的基本思想很简单，它允许定义元素框相对于其正常位置应该出现的位置，或者相对于父元素、另一个元素甚至浏览器窗口本身的位置。显然，这个功能非常强大。

CSS有三种基本的定位机制：普通流、浮动和绝对定位。

除非专门指定，否则所有元素都在普通流中定位。也就是说，普通流中的元素的位置由元素在(x)HTML中的位置决定。

块状元素从上到下一个接一个地排列，元素之间的垂直距离是由元素的垂直边距计算出来的。

行内元素在一行中水平布置，可以使用水平填充、边框和边距调整它们的间距。但是垂直填充、边框和边距不影响行内元素的高度。由一行形成的水平框称为行框（Line Box），行框的高度总是足以容纳它包含的所有行内元素。不过，设置行高可以增加这个框的高度。

6.2.2 定位的方式

元素以position属性进行定位，该属性共具备4种属性值，其含义如下。

1）static。元素框正常生成。块状元素生成一个矩形框，作为文档流的一部分，行内元素则会创建一个或多个行框，置于其父元素中。

2）relative。元素框偏移某个距离。元素仍保持其未定位前的形状，它原本所占的空间仍保留。

3）absolute。元素框从文档流中完全删除，并相对于其包含块定位。包含块可能是文档中的另一个元素或者是初始包含块。元素原先在正常文档流中所占的空间会关闭，就好像元素原来不存在一样。元素定位后生成一个块级框，而不论原来它在正常流中生成何种类型的框。

4）fixed。元素框的表现类似于将position设置为absolute，不过其包含块是视窗本身。

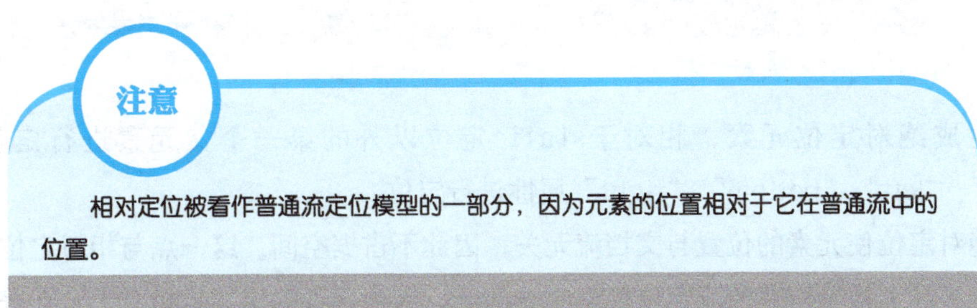

元素可以使用顶部、底部、左侧和右侧属性定位。然而，这些属性无法工作，除非是先设定position属性。它们也有不同的工作方式，这取决于定位方法。

1．static（静态定位）

HTML元素的默认值，即没有定位，元素出现在正常的文档流中，元素框按照在文档流中出现的顺序依次格式化。

静态定位的元素不会受top、bottom、left和right影响。

2．relative（相对定位）

设置为相对定位的元素框会偏移某个距离，元素仍然保持其未定位前的形状，它原本所占的空间仍保留。

如果对一个元素进行相对定位，它将出现在它所在的位置上。然后，可以通过设置垂直或水平位置，让这个元素“相对于”它的起点进行移动。相对定位一般是相对于其父元素进行定位。所以这种定位方式会受top、bottom、left和right影响。

它的位置会出现在相对于其父元素的容器内。

例如，对元素设置相对定位方式，并对其位置属性进行设置，代码见demo6-7。

demo6-7

```
div {
  position: relative;
  left: 30px;
  top: 20px;
}
```

将top设置为20px，那么DIV元素将在原位置顶部下面20px的地方。left设置为30px，那么会在元素左边创建30px的空间，也就是将元素向右移动了30px。

注意

相对定位，是相对于其父元素来说的。如果没有父元素，那么默认body为其父元素。

3. absolute（绝对定位）

生成绝对定位元素，相对于static定位以外的第一个父元素进行定位。通过"top" "left" "bottom" "right"属性进行定位。

绝对定位使元素的位置与文档流无关，因此不占据空间。这一点与相对定位不同，相对定位实际上被看作普通流定位模型的一部分，因为元素的位置是相对于它在普通流中的位置的。普通流中其他元素的布局就像绝对定位的元素不存在一样，代码见demo6-8。

demo6-8

```
div {
  position: absolute;
  left: 30px;
  top: 20px;
}
```

下面我们来看一个案例，外层盒子和内层盒子的初始状态如图6-7所示。

图6-7 初始状态

代码见demo6-9。

demo6-9

```
<!doctype html>
<html>
<head>
```

```
<meta charset="utf-8">
<title>无标题文档</title>
<style>
.outer{ margin:0px auto; width:500px; height:500px; background:yellow;}
.outer .inner{ width:200px; height:200px; background:red;}
</style>
</head>

<body>
<div class="outer"">外层盒子
<div class="inner">内层盒子</div>
</div>
</body>
</html>
```

此时，是两个盒子嵌套的初始状态。现在，将内层盒子设置为绝对定位，并为其位置属性赋值。那么结果如图6-8所示。

图6-8 内层盒子绝对定位

代码见demo6-10。

```
demo6-10
<!doctype html>
<html>
<head>
<meta charset="utf-8">
<title>无标题文档</title>
<style>
.outer{ margin:0px auto; width:500px; height:500px; background:yellow;}
.outer .inner{ width:200px; height:200px; background:red; position:absolute; top:50px;
```

```
left:200px;}
</style>
</head>

<body>
<div class="outer">外层盒子
<div class="inner">内层盒子</div>
</div>
</body>
</html>
```

注意

绝对定位的元素的位置是相对于最近的已定位祖先元素的，如果元素没有已定位的祖先元素，那么它的位置是相对于最初的包含块的。

所以，当其父元素进行了定位之后，那么它的位置就会相对于最近的已定位的父元素。下面将代码稍作改动，对父元素添加定位，代码如下。

```
.outer{ margin:0px auto; width:500px; height:500px; background:yellow;
position:relative;
}
```

再来观察最终效果，如图6-9所示，会发现内层元素的位置已经不再是相对于body的，而是相对于其父元素的。

图6-9　定位最终效果

4. fixed（固定定位）

与绝对定位类似，元素从文档流中脱离，但是它不是相对于容器块定位，而是相对于视口（viewpoint）定位（大多数情况下，这个视口就是指浏览器窗口）。

元素的位置相对于浏览器窗口是固定位置，即使窗口是滚动的，它也不会移动。

固定定位的代码见demo6-11。

demo6-11

```
div {
    position:fixed;
    top:30px;
    right:5px;
}
```

6.3 阶段性案例——导航栏制作

案例描述：利用浮动及定位，制作出一个常用的导航栏案例。上层为LOGO,下层为导航栏。效果图如图6-10所示。

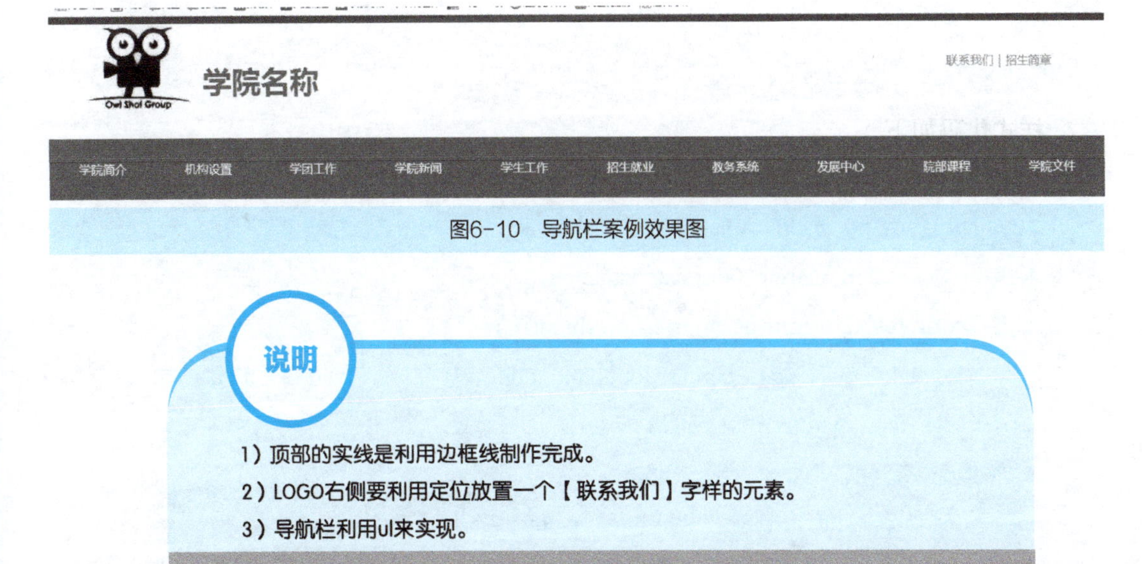

图6-10　导航栏案例效果图

说明

1）顶部的实线是利用边框线制作完成。
2）LOGO右侧要利用定位放置一个【联系我们】字样的元素。
3）导航栏利用ul来实现。

页面布局代码见demo6-12。

demo6-12

```
<body>
<div class="top">
```

```
    <div id="logo">
    <span><img src="timg.png"/></span>
    <span>学院名称</span>
    <span><a>联系我们 | 招生简章</a></span>
    </div>
    <ul>
    <li>学院简介</li>
    <li>机构设置</li>
    <li>学团工作</li>
    <li>学院新闻</li>
    <li>学生工作</li>
    <li>招生就业</li>
    <li>教务系统</li>
    <li>发展中心</li>
    <li>院部课程</li>
    <li>学院文件</li>
    </ul>
</div>
</body>
```

样式代码如下。

```
<style>
body{ margin:0px; padding:0px; font-size:16px; font-family:"微软雅黑";}
ul{ list-style:none; margin:0px; padding:0px;}
.top{ width:100%; height:auto; overflow:hidden;}
.top>#logo{ height:150px; border-top:10px solid #1F4F5A; overflow:hidden;}
.top>#logo img{ width:10%; height:auto;}
.top>#logo>span{ vertical-align:top;}
.top>#logo>span:nth-child(1){ margin-left:50px;}
.top>#logo>span:nth-child(2){ line-height:150px; font-size:40px; font-weight:bold;
margin-left:10px; color:#2F7D86;}
.top>#logo>span:nth-child(3){ position:absolute; right:5%; top:50px; color:#999;}
.top>ul{ height:80px;}
.top>ul>li{ float:left; line-height:80px; text-align:center; width:10%;
```

```
background:#447986; color:#fff; cursor:pointer;}
.top>ul>li:hover{ background:#FC6;}
</style>
```

注意

":nth-child(*n*)"选择器匹配属于其父元素的第*n*个子元素，不论元素的类型。*n*可以是数字、关键词或公式。

第7章 列表与超链接

学习目标

1）掌握无序列表、有序列表及定义列表的使用。

2）掌握超链接标记的使用。

3）掌握CSS伪类的用法，能够使用CSS伪类实现超链接特效。

网站是由许多个页面组成的，每个页面上的信息都要清晰条理地展现出来，页面与页面之间也要有机地连接起来，这就需要使用列表和超链接。本章将对列表与超链接进行详细的讲解。

7.1 列表

7.1.1 认识列表

网页看起来整齐美观，离不开列表。列表在网站设计中占有比较大的比重。在HTML中，运用好列表可以使网页排版更加整齐有序，尤其是制作目录时，必须掌握列表的用法。

7.1.2 列表的分类

列表分为无序列表和有序列表两种。接下来我们就一起来学习一下这两类列表在页面中的用法。

1. 无序列表

无序列表是网页中最常用的列表。之所以称为“无序列表”，是因为其各个列表项之间为并列关系，没有顺序级别之分。定义无序列表的基本语法格式如下。

```
<ul>
<li>列表项1</li>
<li>列表项2</li>
<li>列表项3</li>
……
</ul>
```

每对<ul></ul>中至少应包含一对<li></li>。

无序列表中，type属性的常用值有三个，它们呈现的效果不同，见表7-1。

表 7-1 type 属性值

type 属性值	显示效果
disc（默认值）	●
circle	○
square	■

注意

<li>与</li>之间相当于一个容器，可以容纳所有元素。但是<ul></ul>中只能嵌套<li></li>，直接在<ul></ul>标记中输入文字的做法是不被允许的。

下面来创建一个无序列表，代码见demo7-1。

demo7-1

```
<!DOCTYPE html PUBLIC "-//W3C//DTD XHTML 1.0 Transitional//EN" "http://www.w3.org/TR/xhtml1/DTD/xhtml1-transitional.dtd">
<html>
<head>
<meta http-equiv="Content-Type" content="text/html; charset=utf-8" />
<title>无序列表</title>
</head>
<body>
<h2>科目</h2>
<ul type="disc">
<li>语文</li>
<li>数学</li>
<li>英语</li>
</ul>
</body>
</html>
```

运行demo7-1，效果图如图7-1所示。

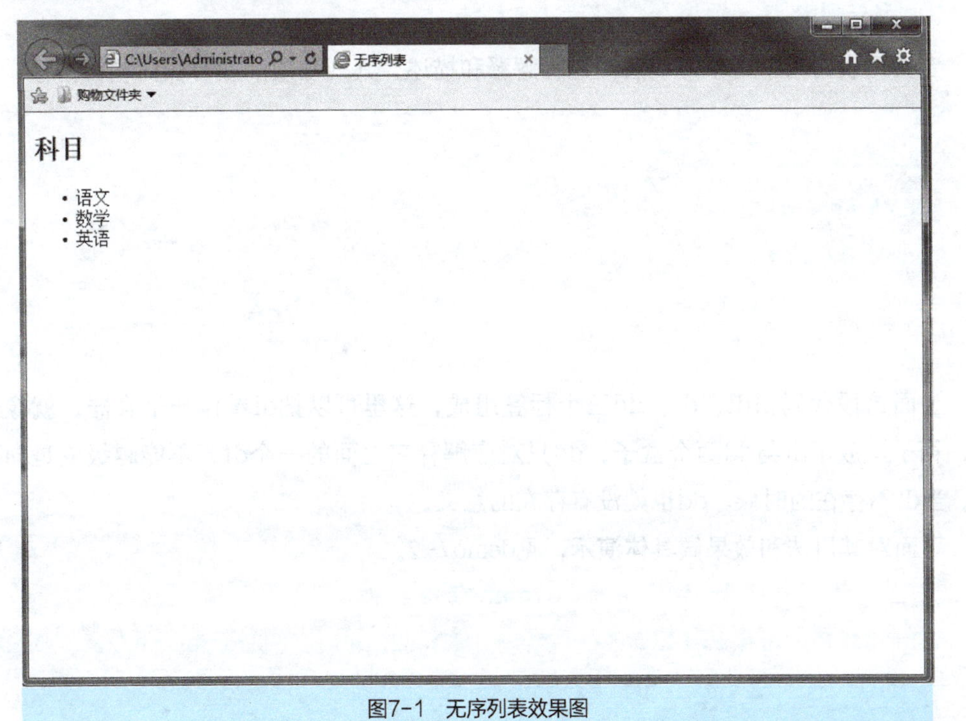

图7-1　无序列表效果图

2. 有序列表

有序列表就是其各个列表项会按照一定顺序排列的列表，例如网页中常见的新闻排行榜、游戏排行榜等都可以通过有序列表来定义。定义有序列表的基本语法格式如下。

```
<ol>
<li>列表项1</li>
<li>列表项2</li>
<li>列表项3</li>
……
</ol>
```

在有序列表中，除了type属性之外，还可以为<ol>定义start属性，为<li>定义value属性，它们决定有序列表的项目符号，其取值和含义见表7-2。

表7-2 type、start和value的属性值及含义

属　性	属 性 值	含　义
type	1（默认）	项目符号显示为数字1、2、3…
	a或A	项目符号显示为英文字母a、b、c…或A、B、C…
	i或I	项目符号显示为罗马数字i、ii、iii…或I、II、III…
start	数字	规定项目符号的起始值
value	数字	规定项目符号的数字

3. 定义列表

定义列表常用于对术语或名词进行解释和描述，其列表项前没有任何项目符号。

```
<dl>
<dt>名词</dt>
<dd>解释1</dd>
<dd>解释2</dd>
...
</dl>
```

上面这段代码由dl、dt、dd三个标签组成，这里可以把dl看作一个容器，就像个箱子，箱子里放了dt与dd两个盒子，dd只对应解释它上面的一个dt，不能越级或是向下解释。当dt不存在的时候，dd也就没有存在的意义。

下面对其用法和效果做具体演示，见demo7-2。

demo7-2

```
<!DOCTYPE html PUBLIC "-//W3C//DTD XHTML 1.0 Transitional//EN" "http://
www.w3.org/TR/xhtml1/DTD/xhtml1-transitional.dtd">
```

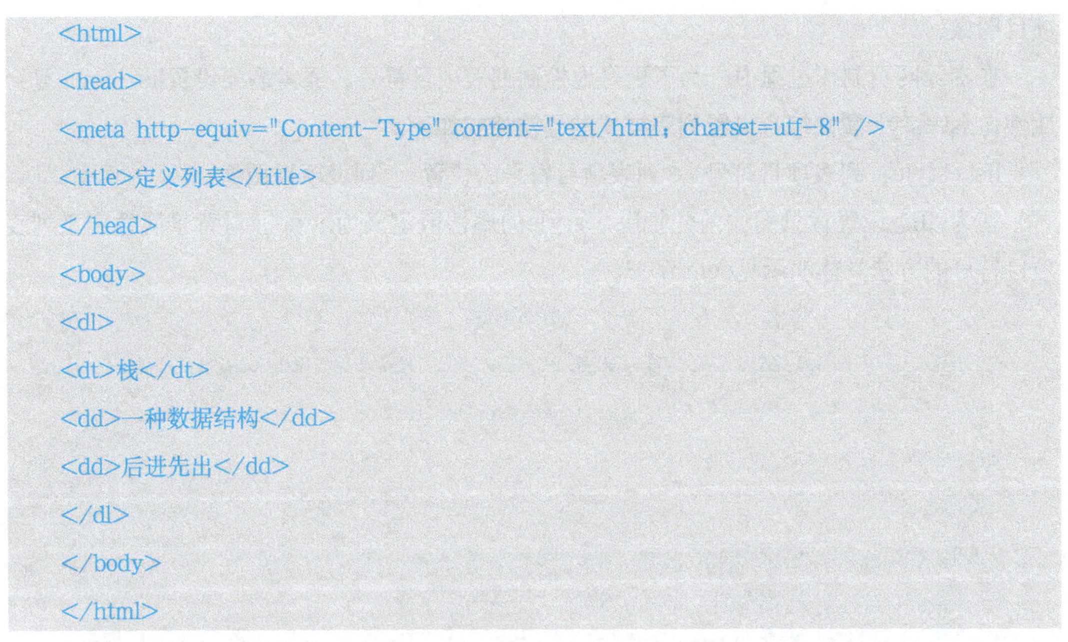

```
<html>
<head>
<meta http-equiv="Content-Type" content="text/html; charset=utf-8" />
<title>定义列表</title>
</head>
<body>
<dl>
<dt>栈</dt>
<dd>一种数据结构</dd>
<dd>后进先出</dd>
</dl>
</body>
</html>
```

效果图如图7–2所示。

图7–2　定义列表效果图

7.1.3 背景图像定义列表项目符号

仅仅使用列表项目符号是不能满足网页制作的需求的，这时可以通过使用CSS中的背景图像属性为各列表项设置更丰富的项目符号，通过为<li>设置背景图像的方式实现列表项目图像。

在实际网页制作过程中，为了更好地控制列表项目符号，通常需要设置list-style复合属性，list-style属性综合设置列表样式的语法格式如下。

list-style：列表项目符号　列表项目符号的位置　列表项目图像；

在为<li>设置背景图像前先把list-style的属性值定义为none。对背景属性定义列表项目符号的方法具体演示见demo7-3。

demo7-3

```
<!DOCTYPE html PUBLIC "-//W3C//DTD XHTML 1.0 Transitional//EN" "http://
www.w3.org/TR/xhtml1/DTD/xhtml1-transitional.dtd">
<html>
<head>
<meta http-equiv="Content-Type" content="text/html; charset=utf-8" />
<title>背景属性定义列表项目符号</title>
<style type="text/css">
li{
    list-style:none;
    height:28px;
    line-height:28px;
    background: url(book.png) no-repeat left center;
    padding-left:26px;
    }
</style>
</head>
<body>
<h2>科目</h2>
<ul>
<li>计算机网络</li>
<li>C语言程序设计</li>
<li>大学英语</li>
<li>网页制作</li>
</ul>
</body>
</html>
```

效果图如图7-3所示。

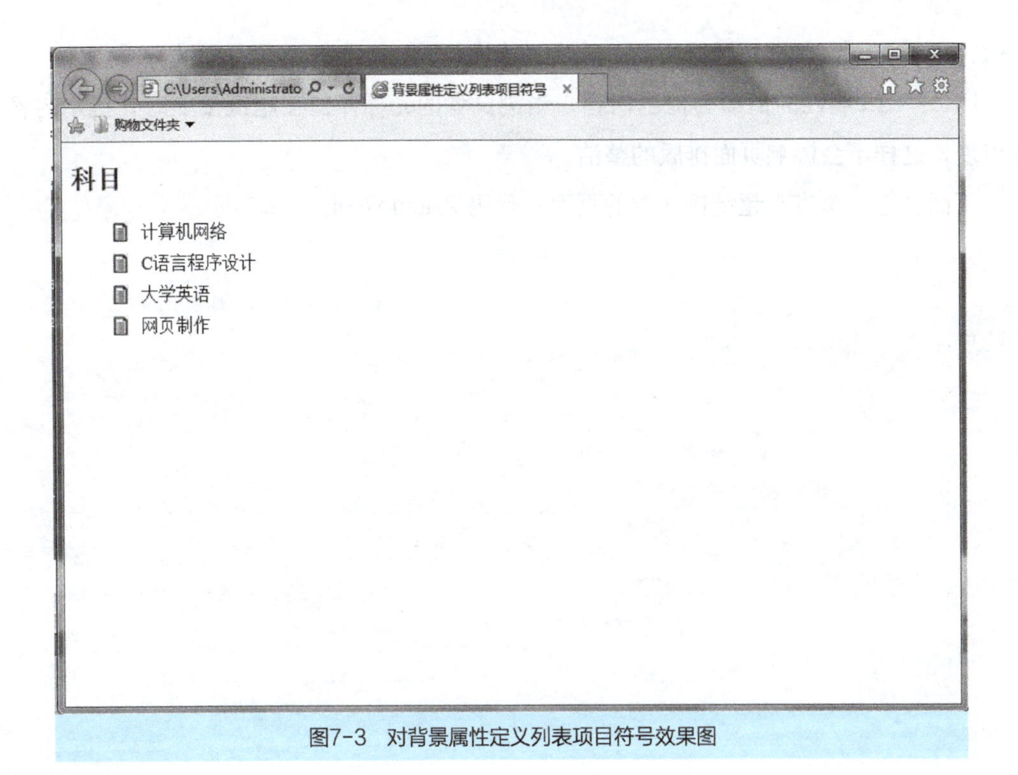

图7-3 对背景属性定义列表项目符号效果图

7.2 超链接

超链接是网站中使用比较频繁的HTML元素，因为网站的各种页面都是由超链接串接而成，超链接完成了页面之间的跳转。超链接是浏览者和服务器交互的主要手段。

7.2.1 超链接标记

超链接的标签是<a></a>，给文字添加超链接类似于其他修饰标签。添加了链接后的文字有其特殊的样式，以和其他文字区分，默认链接样式为蓝色文字，有下划线，单击超链接后会跳转到另一个页面。具体代码如下。

```
<a href="跳转目标" target="目标窗口的弹出方式" title="提示文字">文本或图像</a>
```

<a>标记:<a>标记是一个行内标记，用于定义超链接，href、 target和 title为其常用属性。

href：用于指定链接目标的url地址，当为<a>标记应用href属性时，它就具有了超链接的功能。

target：用于指定链接页面的打开方式，其取值有_self和_blank两种，其中_self为默认值，用于在原窗口打开链接页面；_blank为在新窗口中打开链接页面的方式。

title：title属性的值即为提示内容，当浏览者的光标停留在超链接上时，提示内容才会出现，这样不会影响页面排版的整洁。

下面创建一个带有超链接功能的页面，代码见demo7-4。

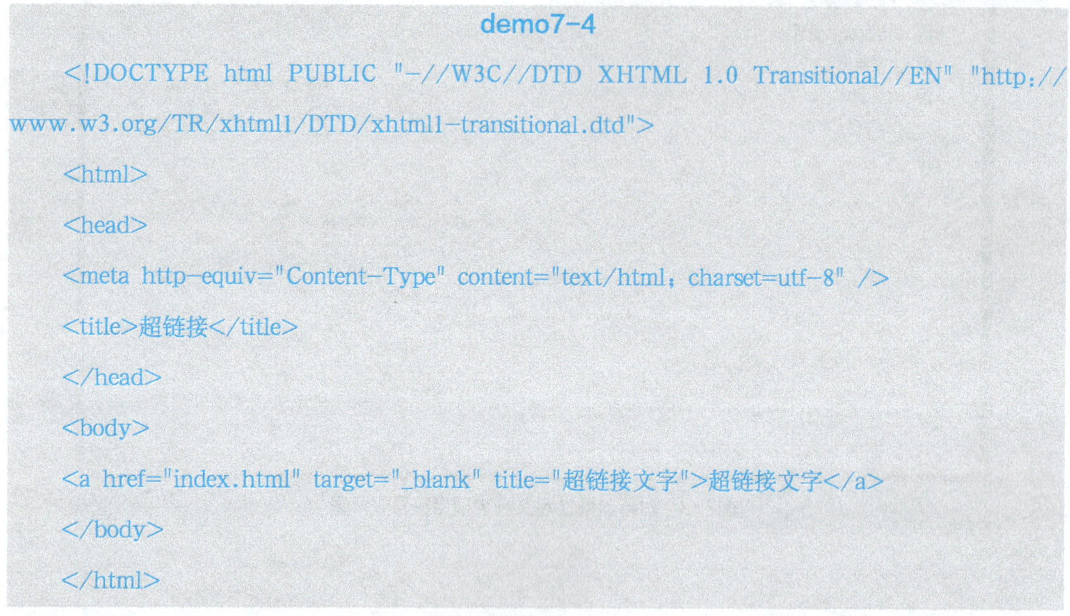

demo7-4

```
<!DOCTYPE html PUBLIC "-//W3C//DTD XHTML 1.0 Transitional//EN" "http://www.w3.org/TR/xhtml1/DTD/xhtml1-transitional.dtd">
<html>
<head>
<meta http-equiv="Content-Type" content="text/html; charset=utf-8" />
<title>超链接</title>
</head>
<body>
<a href="index.html" target="_blank" title="超链接文字">超链接文字</a>
</body>
</html>
```

运行后的超链接效果图如图7-4所示。

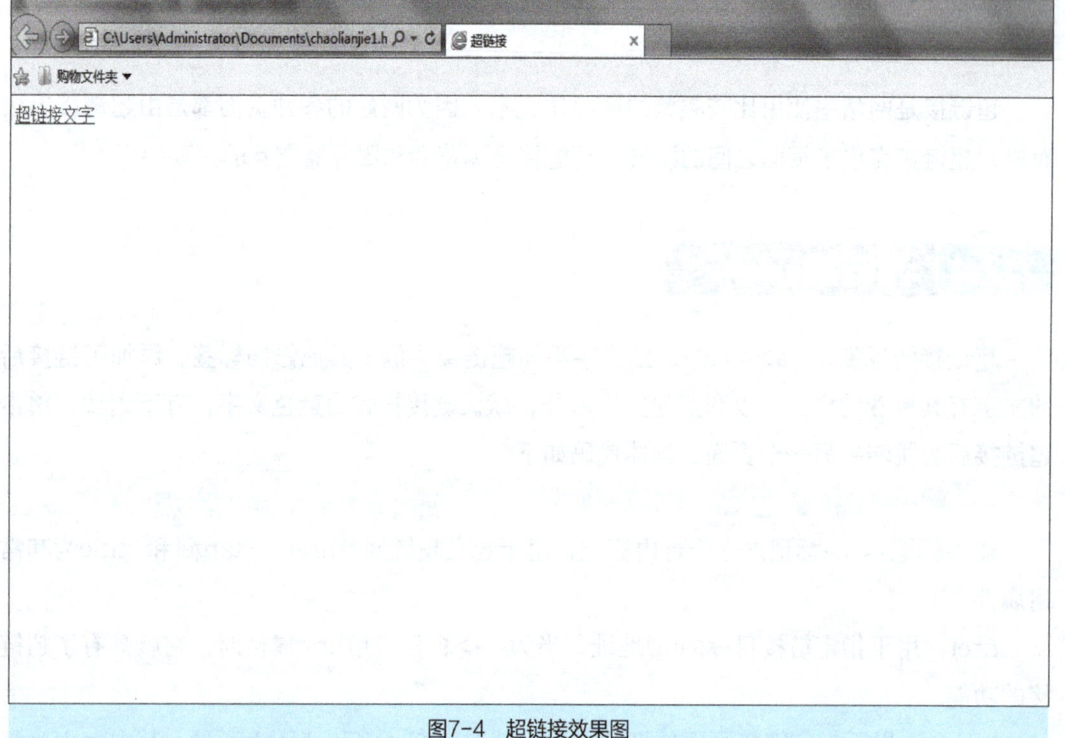

图7-4　超链接效果图

暂时没有确定链接目标时，通常将<a>标记的href属性值定义为“#”（即href="#"），表示该链接暂时为一个空链接。

不仅可以创建文本超链接，网页中的各种网页元素，如图像、表格、音频、视频等都可以添加超链接。

创建图像超链接时，在某些浏览器中，图像会添加边框效果，影响页面的美观。通常需要去掉图像的边框效果，使图像正常显示。去掉链接图像的边框很简单，只需将图像的边框定义为0即可，代码如下。

```
<a href="#"><img src="images/logo.gif" border="0" /></a>
```

7.2.2 链接伪类

在CSS中，通过链接伪类可以实现不同的链接状态，使超链接在单击前，单击时及单击后呈现出不同的状态。所谓伪类并不是真正意义上的类，它的名称是由系统定义的，通常由标记名、类名或ID名加“：”构成。

超链接标记<a>的伪类有4种。

1）a:link{ CSS样式规则;}　　未访问时超链接的状态。

2）a:visited{ CSS样式规则;}　　访问后超链接的状态。

3）a:hover{ CSS样式规则;}　　鼠标经过、悬停时超链接的状态。

4）a:active{ CSS样式规则;}　　鼠标点击不动时超链接的状态。

导航条的制作就是通过对链接伪类的设置去实现的，代码见demo7-5。

demo7-5

```
<!DOCTYPE html PUBLIC "-//W3C//DTD XHTML 1.0 Transitional//EN"
"http://www.w3.org/TR/xhtml1/DTD/xhtml1-transitional.dtd">
<html xmlns="http://www.w3.org/1999/xhtml">
<head>
<meta http-equiv="Content-Type" content="text/html; charset=utf-8" />
<style type="text/css">
body{padding:0; margin:0; font-size:14px; font-family:"微软雅黑"; color:#3c3c3c;}
a:link,a:visited{color:#4c4c4c; text-decoration:none;}
a:hover{color:#FF8400;}
.nav{width:100%; height:41px; border-top:3px solid #FF8500; border-bottom:1px solid
```

```
#ccc; background-color:#fcfcfc;}
.navin{width:980px; height:41px; line-height:41px;margin:0 auto;}
.navin a{ display:inline-block; height:41px; padding:0 10px;}
.navin a:hover{ background-color:#EDEEF0;}
</style>
<title>个人主页导航栏</title>
</head>
<body>
<div class="nav">
   <div class="navin">
          <a href="#">自我介绍</a>
          <a href="#">我的作品</a>
          <a href="#">我的相册</a>
          <a href="#">我的课程</a>
   </div>
</div>
</body>
</html>
```

在浏览器中显示的效果如图7-5所示。

图7-5 导航条中的伪类设置效果图

注意

同时使用链接的4种伪类时，通常按照a:link、a:visited、a:hover和a:active的顺序书写，否则定义的样式可能不起作用。

除了文本样式之外，链接伪类还常常用于控制超链接的背景、边框等样式。

7.2.3 锚点链接

很多网页文章的内容比较多，导致页面很长，浏览者需要不断地拖动浏览器的滚动条才能找到需要的内容，超链接的锚可以解决这个问题。实际上锚就是用于实现在单个页面内不同位置的跳转，有时它也被称为书签。通过创建锚点链接，用户能够快速定位到目标内容。

超链接标签的name属性用于定义锚的名称，一个页面可以定义多个锚，通过超链接的href属性可以根据name跳转到对应的锚。

创建锚点链接分为两步。

1）使用“<a href=”#ID名“>链接文本</a>”创建链接文本。

2）使用相应的ID名标注跳转目标的位置。

具体代码见demo7-6。

demo7-6

```
<!DOCTYPE html PUBLIC "-//W3C//DTD XHTML 1.0 Transitional//EN" "http://www.w3.org/TR/xhtml1/DTD/xhtml1-transitional.dtd">
<html xmlns="http://www.w3.org/1999/xhtml">
<head>
<meta http-equiv="Content-Type" content="text/html; charset=utf-8" />
<title>锚链接</title>
</head>
<body>
<font size="5">
<a name="top">这里是顶部的锚</a><br />
<a href="#1">第1任</a><br />
<a href="#2">第2任</a><br />
<a href="#3">第3任</a><br />
```

```
<a href="#4">第4任</a><br />
<a href="#5">第5任</a><br />
<a href="#6">第6任</a><br />
<h2>美国历任总统</h2>
●第1任(1789-1797)<a name="1">这里是第1任的锚</a><br />
姓名：乔治·华盛顿<br />
George Washington<br />
生卒：1732-1799<br />
政党：联邦<br />
●第2任(1797-1801)<a name="2">这里是第2任的锚</a><br />
姓名：约翰·亚当斯<br />
John Adams<br />
生卒：1735-1826<br />
政党：联邦<br />
●第3任(1801-1809)<a name="3">这里是第3任的锚</a><br />
姓名：托马斯·杰斐逊<br />
Thomas Jefferson<br />
生卒：1743-1826<br />
政党：民共<br />
●第4任(1809-1817)<a name="4">这里是第4任的锚</a><br />
姓名：詹姆斯·麦迪逊<br />
James Madison<br />
生卒：1751-1836<br />
政党：民共<br />
●第5任(1817-1825)<a name="5">这里是第5任的锚</a><br />
姓名：詹姆斯·门罗<br />
James Monroe<br />
生卒：1758-1831<br />
政党：民共<br />
</font>
</body>
</html>
```

在浏览器中显示的效果如图7-6所示。

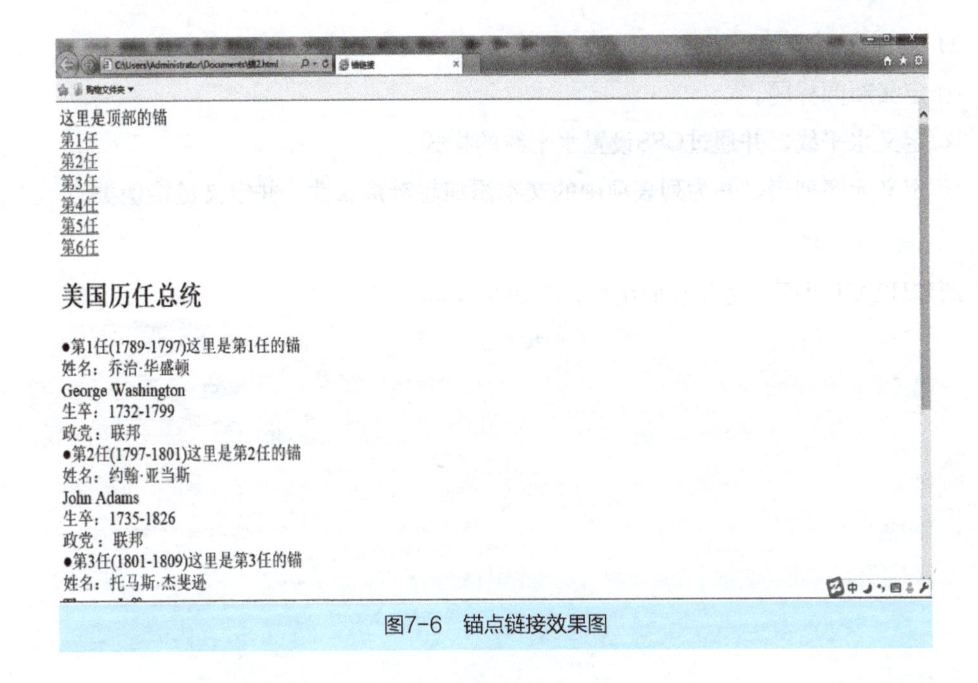

图7-6 锚点链接效果图

7.3 阶段性案例——新闻版块的制作

7.3.1 案例描述

在制作学院网站时，少不了新闻版块。要实现新闻版块的界面和功能需要将列表和超链接配合使用。为了便于初学者理解和掌握，下面通过制作一个新闻版块的案例做具体演示。

7.3.2 案例实现

1. 案例分析

1）新闻版块所要实现的效果如图7-7所示。

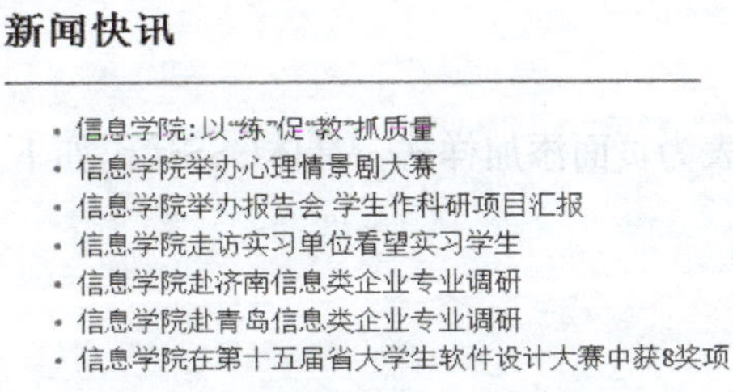

新闻快讯

- 信息学院：以"练"促"教"抓质量
- 信息学院举办心理情景剧大赛
- 信息学院举办报告会 学生作科研项目汇报
- 信息学院走访实习单位看望实习学生
- 信息学院赴济南信息类企业专业调研
- 信息学院赴青岛信息类企业专业调研
- 信息学院在第十五届省大学生软件设计大赛中获8奖项

图7-7 新闻版块目标效果图

2）具体实现步骤如下。

① 定义新闻标题。

② 定义水平线，并通过CSS设置水平线的样式。

③ 定义无序列表，并为列表项中的文本添加超链接属性，并定义链接伪类。

2．制作页面结构

新建HTML页面，搭建页面结构，代码见demo7-7。

demo7-7

```
<!DOCTYPE html PUBLIC "-//W3C//DTD XHTML 1.0 Transitional//EN"
"http://www.w3.org/TR/xhtml1/DTD/xhtml1-transitional.dtd">
<html>
<head>
<meta http-equiv="content-type" content="text/html;charset=UTF-8" />
<title>新闻快讯</title>
</head>
<body>
<h2>新闻快讯</h2>
<hr color="#000066" size="2" width="400px" align="left" />
<ul>
<li><a href="#" >信息学院：以"练"促"教"抓质量</a></li>
<li><a href="#" >信息学院举办心理情景剧大赛</a></li>
<li><a href="#" >信息学院举办报告会 学生作科研项目汇报</a></li>
<li><a href="#" >信息学院走访实习单位看望实习学生</a></li>
<li><a href="#" >信息学院赴济南信息类企业专业调研</a></li>
<li><a href="#" >信息学院赴青岛信息类企业专业调研</a></li>
<li><a href="#" >信息学院在第十五届省大学生软件设计大赛中获8奖项</a></li>
</ul>
</body>
</html>
```

3．定义 CSS 样式

使用内嵌式CSS样式表为页面添加样式，具体CSS代码如下。

```
a:link,a:visited{text-decoration:none; color:#00F;}
a:hover{color:#C90;}
ul{color:#65AA11;}
li{margin-top:5px;}
```

保存后，在浏览器中预览，效果如图7–8所示。

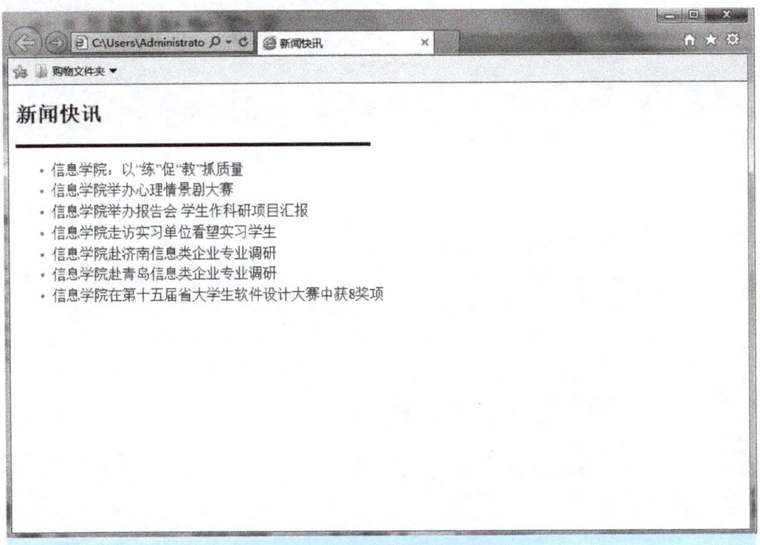

图7-8　新闻版块实际效果图

当鼠标悬浮在列表文字上时，链接文本的颜色会发生改变，效果如图7–9所示。

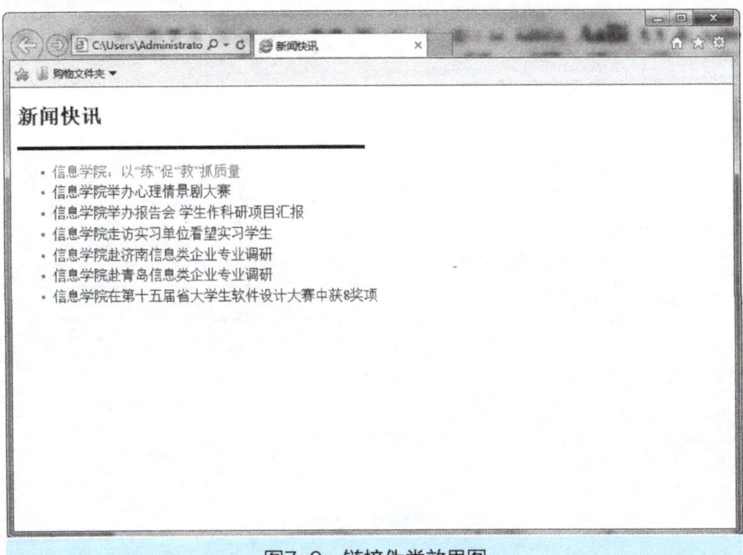

图7-9　链接伪类效果图

第8章 HTML表单

学习目标

1）理解表单的构成，能够快速创建表单。

2）掌握表单相关标记，能够创建具有相应功能的表单控件。

3）掌握各个表单对象的使用方法，能够应用表单对象创建表单页面。

在前面几章我们学习了各种标签。但是用这些标签制作的网页都是静态网页。简单来说，对于一个网页，只限用户浏览的，就是静态网页。如果用户能实现与服务器交互，如登录注册、评论交流、问卷调查这些动作的，就是动态页面。表单是我们接触动态页面的第一步。表单最重要的作用就是在客户端收集用户的信息，然后将数据递交给服务器来处理。

表单通常设计在一个HTML文档中，当用户填写完信息后进行提交操作，将表单的内容从客户端的浏览器传送到服务器上，经过服务器处理程序后，再将用户所需信息传送回客户端的浏览器上，这样网页就具有了交互性。HTML 是用户与网站实现交互的重要手段。

表单的主要功能是收集信息，具体地说是收集浏览者的信息。常见的表单形式主要包括文本框、单选按钮、复选框、按钮等。

8.1 <form>标签

8.1.1 <form>标签语法

创建一个表单看上去就像创建一个表格，表格的行、列和单元格都放在<table>标签中，而创建表单的方式跟创建表格的方式是一样的。如果要创建一个表单，就要把表单的各种标签放在<form>内部。form标签语法如下。

```
<form>表单各种标签</form>
```

下面通过一个案例来说明<form>标签的用法，代码见demo8-1。

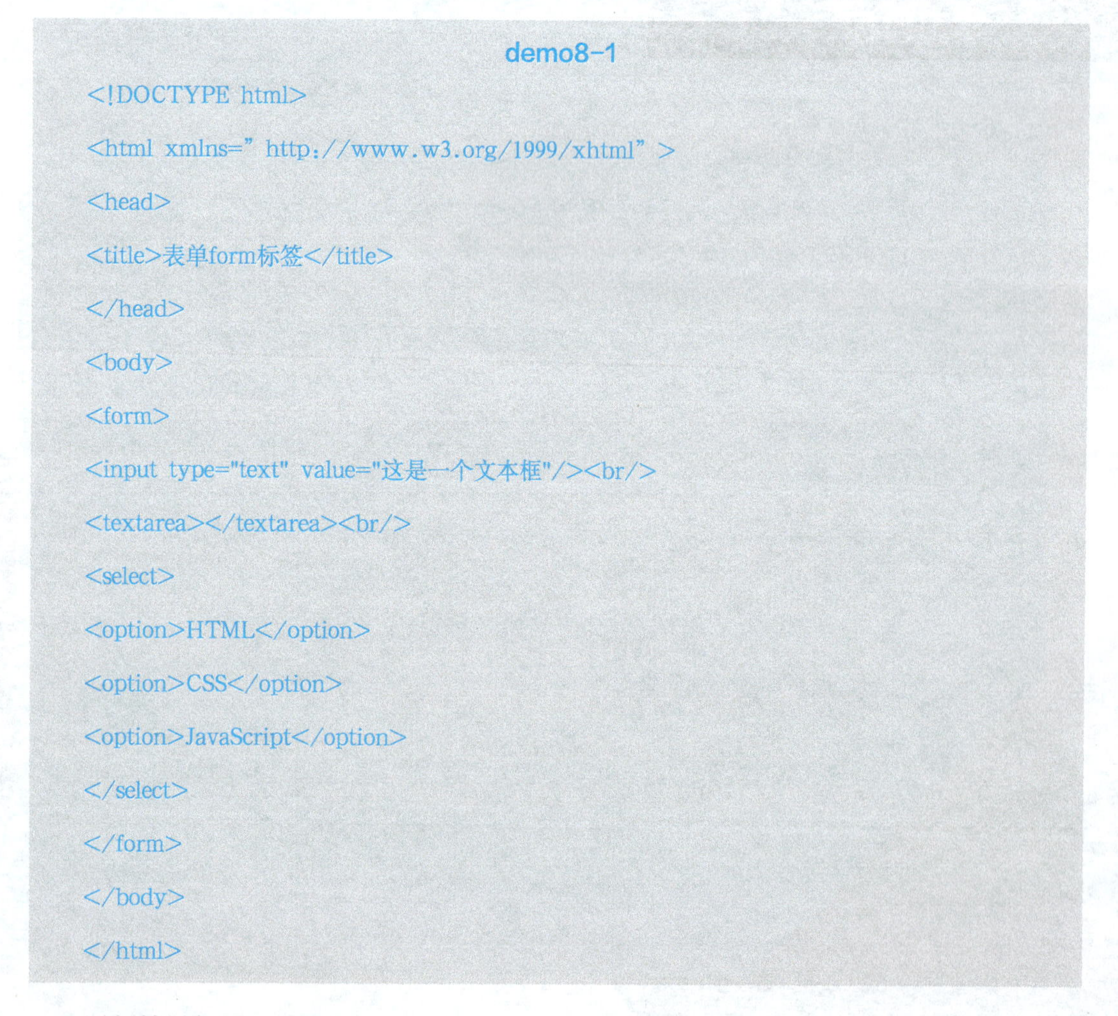

demo8-1

```
<!DOCTYPE html>
<html xmlns=" http://www.w3.org/1999/xhtml" >
<head>
<title>表单form标签</title>
</head>
<body>
<form>
<input type="text" value="这是一个文本框"/><br/>
<textarea></textarea><br/>
<select>
<option>HTML</option>
<option>CSS</option>
<option>JavaScript</option>
</select>
</form>
</body>
</html>
```

运行结果如图8-1所示。

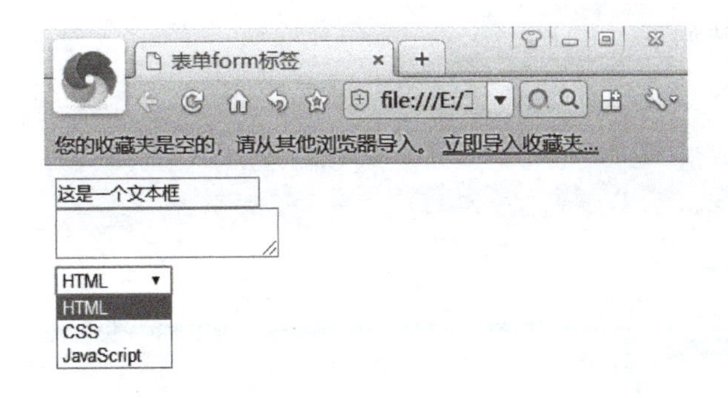

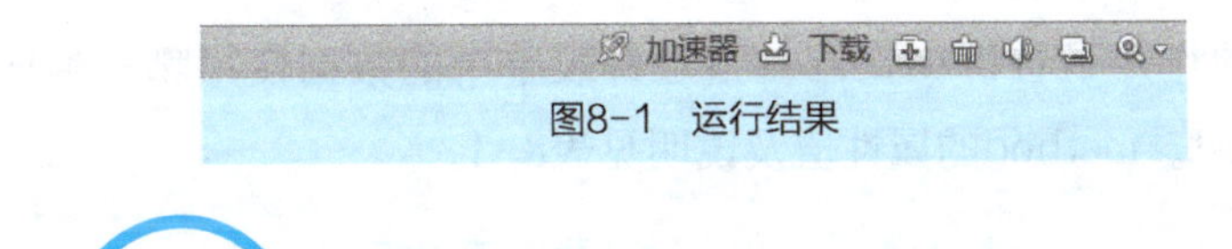

图8-1　运行结果

说明

在该案例中，<form>标签包含了一个文本框、一个多行文本框、一个下拉列表共3个表单元素，表单元素的具体用法将在后面的章节中详细介绍。

8.1.2 <form>标签属性

<form>标签有几个属性，分别是name、action、method、target和enctype。这几个属性由于实际操作性不是很强，比较抽象，就像<head>标签中的内部标签一样，对于刚刚学习HTML的初学者来说可能不太容易理解。目前只需要了解这几个属性的概念就行了，在后期学习了动态页面制作之后，就能够更深入地理解它们。

1. name（表单名称）

一个页面里的表单可能不止一个，为了区分这些表单，我们使用name属性来给表单命名。这样也是为了防止表单提交到后台之后出现数据混乱。

name属性语法如下。

```
<form  name="表单名称">
......
</form>
```

2. action（提交表单）

action用于指定表单数据提交到哪个地址进行处理。

action属性语法如下。

```
<form  action="表单的处理程序">
……
</form>
```

说明

表单的处理程序是表单要提交的地址，这个程序地址用来处理从表单搜集的信息。这个地址可以是相对地址，也可以是绝对地址，还可以是一些其他形式的地址。

3．method（传送方法）

method属性的作用是告诉浏览器，指定将表单中的数据使用哪一种HTTP提交方法，取值为get或post。method的属性值及说明见表8-1。

表 8-1　method 的属性值及说明

method属性值	说　明
get	默认值，表单数据被传送到action属性指定的URL，然后这个新URL被送到处理程序上
post	表单数据被包含在表单主体中，然后被传送到处理程序上

这两种方式的区别在于，get在安全性上较差，所有表单域的值直接显示出来。而post除了可见的处理脚本程序之外，其他的信息都可以隐藏。所以在实际开发当中，通常都选择post处理方式。

method属性语法如下。

```
<form  method="传送方法">
……
</form>
```

4．target（目标打开方式）

<form>标签的target属性和<a>标签的target属性一样，都是用来指定目标窗口的打开方式。target的属性值及说明见表8-2。

表 8-2　target 的属性值及说明

target属性值	说　明
_self	默认值，表示在当前的窗口打开页面
_blank	表示在新的窗口打开页面
_parent	表示在父级窗口中打开页面
_top	表示页面载入到包含该链接的窗口，取代当前在窗口中的所有页面

target这4个属性值都是以下划线“_”开头的，书写的时候注意不要遗漏。

一般情况下，target采用“_self”和“_blank”这两种方式，跟<a>标签的target属性类似，其他两种用得比较少。

target属性语法如下。

```
<form  target="目标打开方式">
……
</form>
```

5. enctype（编码方式）

<form>标签的enctype属性用于设置表单信息提交的编码方式。enctype的属性值及说明见表8-3。

表 8-3　enctype 的属性值及说明

enctype属性值	说　明
application/x-www-form-urlencoded	默认的编码方式
multipart/form-data	MIME编码，对于“上传文件”这种表单必须选择该值

一般情况下，enctype属性采用默认值即可。

下面通过一个案例来说明<form>标签各属性的用法，代码见demo8-2。

demo8-2

```
<!DOCTYPE html>
<html xmlns="http://www.w3.org/1999/xhtml">
<head>
<title>表单form标签</title>
</head>
<body>
<p>简单的登录界面</p>
<form name="form1" action="/register.jsp" method="post" target="_blank"
enctype="application/x-www-form-urlencoded">
        用户名：                                  <!--text单行文本输入框-->
      <input type="text" value="请输入用户名" maxlength="6" /><br /><br />
      密码：                                      <!--password密码输入框-->
```

```
        <input type="password"  size="24" /><br /><br />
          验证码:
    <input type="text" value="请输入验证码" maxlength="4" /><br /><br />
        <input type="submit" value="登录"/>            <!--submit提交按钮-->
        </form>
    </body>
    </html>
```

运行结果如图8-2所示。

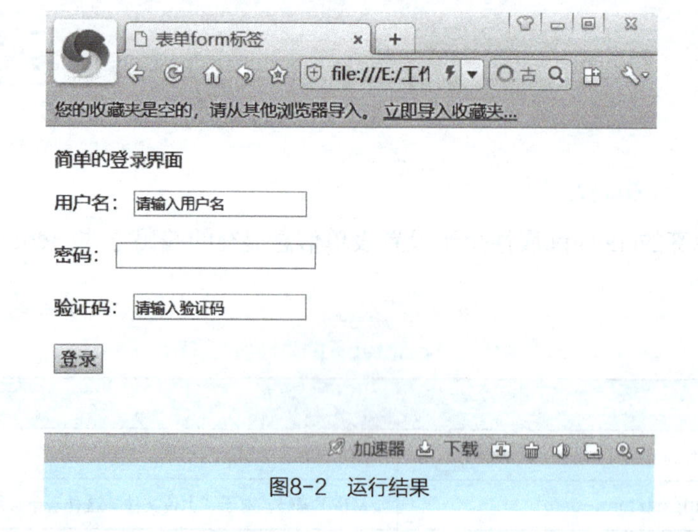

图8-2 运行结果

说明

表单的名称为“form1”，提交表单后的处理程序为“register.jsp”，传送方法为“post”，目标显示方式为“在新的窗口打开页面”，表单信息提交的编码方式为“application/x-www-form-urlencoded”。

8.2 表单对象

8.2.1 <input>标签

<input>标签语法如下。

```
<input type="表单类型"/>
```

<input>标签是自闭合标签，因为它没有结束标签。

<input>标签的type的属性值及说明见表8-4。

表 8-4 type 的属性值及说明

type属性值	说　明
text	单行文本框
textarea	多行文本框
password	密码框
button	普通按钮
submit	提交按钮
reset	重置按钮
image	图片域
radio	单选按钮
checkbox	复选框
hidden	隐藏域
file	文件域

8.2.2 text（单行文本框）

单行文本框比较常见，经常在用户登录模块用到。

text语法如下。

```
<input type="text"/>
```

text的属性值及说明见表8-5。

表 8-5 text 的属性值及说明

text属性值	说　明
value	定义文本框的默认值，也就是文本框内的文字
size	定义文本框的长度，以字符为单位
maxlength	设置文本框中最多可以输入的字符数

属性的设置没有先后顺序。text还有一个name属性值，在XHTML中已经淘汰这个了，因此只需要掌握以上3个属性值即可。

text各属性值语法如下。

```
<input type="text" value="默认文字" size="文本框长度" maxlength="最多输入字符数"/>
```

下面通过一个案例来说明text各属性值的用法，代码见demo8-3。

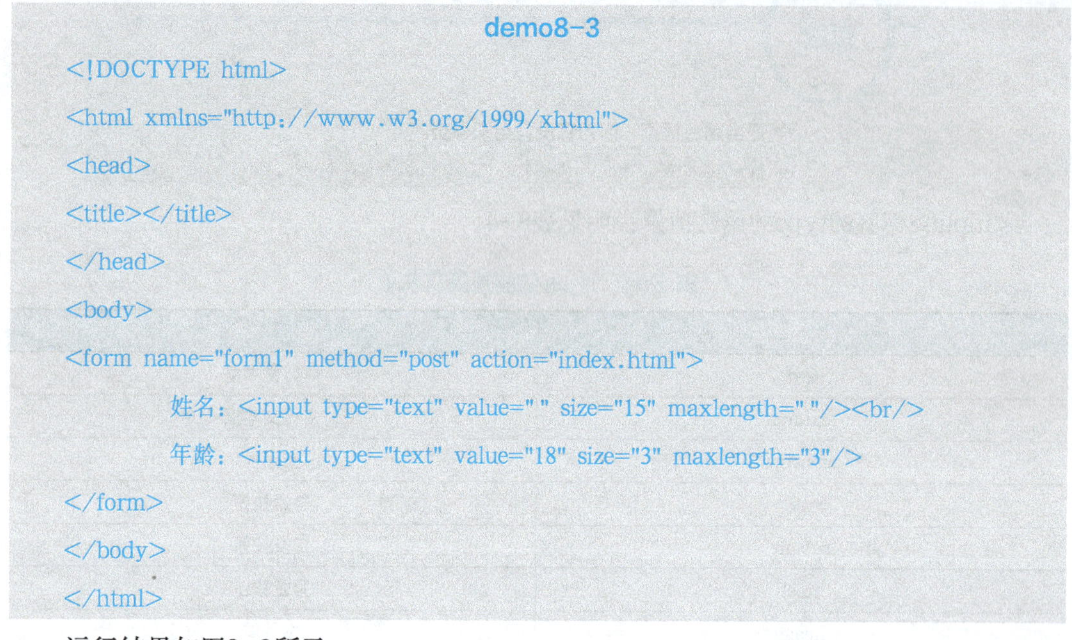

demo8-3

```
<!DOCTYPE html>
<html xmlns="http://www.w3.org/1999/xhtml">
<head>
<title></title>
</head>
<body>
<form name="form1" method="post" action="index.html">
        姓名：<input type="text" value=" " size="15" maxlength=" "/><br/>
        年龄：<input type="text" value="18" size="3" maxlength="3"/>
</form>
</body>
</html>
```

运行结果如图8-3所示。

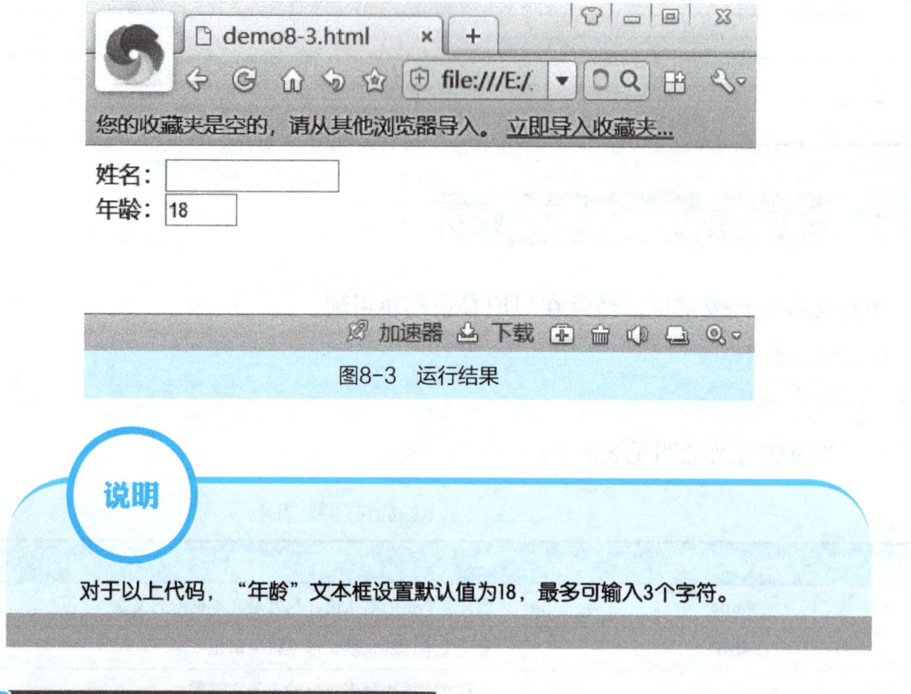

图8-3 运行结果

说明

对于以上代码，“年龄”文本框设置默认值为18，最多可输入3个字符。

8.2.3 password（密码框）

密码框是一种特殊的文本框，它和普通文本框的属性相同。但普通文本框输入的字符为可见，而密码框输入的字符为不可见，这个设置主要是为了防止密码泄漏。典型的密码框就是我们平常用的QQ登录界面，如图8-4所示。

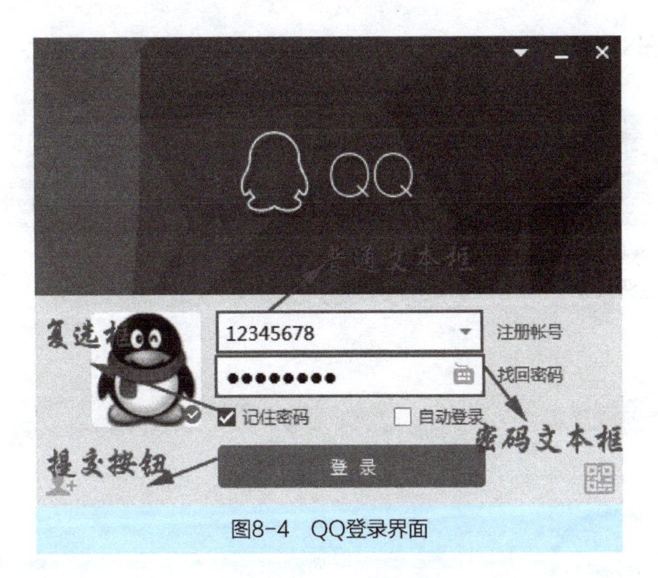

图8-4　QQ登录界面

password语法如下。

```
<input type="password"/>
```

密码框跟普通文本框属性类型一样，有以下几个属性值可以设置，见表8-6。

表 8-6　password 的属性值及说明

属 性 值	说　明
value	定义密码框的默认值，也就是文本框内的文字
size	定义密码框的长度，以字符为单位
maxlength	设置密码框中最多可以输入的字符数

password各属性语法如下。

```
<input type="password" value="默认文字" size="文本框长度" maxlength="最多输入字符数"/>
```

下面通过一个案例来说明password各属性值的用法，代码见demo8-4。

demo8-4

```
<!DOCTYPE html>
<html xmlns="http://www.w3.org/1999/xhtml">
<head>
<title></title>
</head>
<body>
<form name="form1" method="post" action="index.html">
        账号：<input type="text" size="15"  maxlength="10"/><br/>
        密码：<input type="password" size="15" maxlength="10"/>
</form>
</body>
</html>
```

运行结果如图8-5所示。

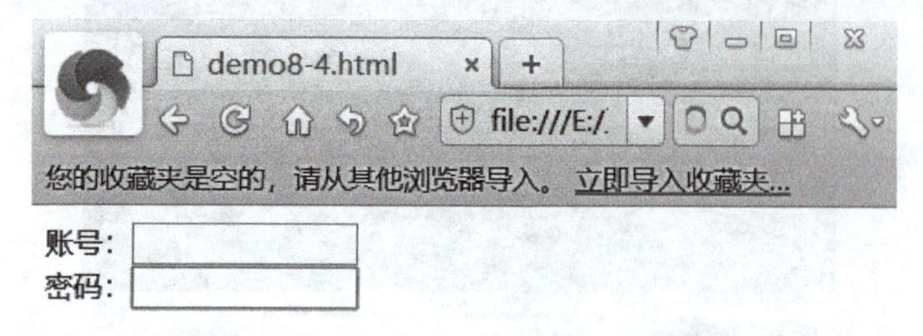

图8-5　运行结果

说明

密码框password仅仅使其他人看不见输入的文本，但是它并不能真正保障数据安全。为了数据安全，还需要在浏览器和服务器之间建立一个安全链接。但这就不是前端的工作了。

8.2.4 radio（单选按钮）

在单选按钮中，只能从选项列表中选择一项，选项与选项之间是互斥的。

radio的语法如下。

```
<input type="radio" name="单选按钮所在的组名" value="单选按钮的取值"/>
```

说明

name和value属性是radio的必要属性，这两个属性必须要设置。

下面通过选择用户性别案例来说明radio的用法，代码见demo8-5。

demo8-5

```
<!DOCTYPE html>
<html xmlns="http://www.w3.org/1999/xhtml">
<head>
<title></title>
</head>
```

```
<body>
<form name="form1" method="post" action="index.html">
        性别:
<input  type="radio" name="Question1" value="boy"/>男
<input  type="radio" name="Question1" value="girl"/>女
</form>
</body>
</html>
```

运行结果如图8-6所示。

图8-6　运行结果

从运行结果中可以看出，两个单选按钮的name属性值是相同的，性别只能选择一个。假如两个单选按钮的name属性值不同，会出现什么情况呢？把第二个单选按钮的name属性值改为“Question2”，第一个单选按钮不变。修改后的运行结果如图8-7所示。

图8-7　修改后的运行结果

从图8-7可以看到，性别“男”“女”两个选项都可以选了，这不符合预期效果。因此，对于同一个问题的不同选项，必须要设置一个相同的name属性值，这样才能把这些选项归为同一个问题上。

多个单选项案例代码见demo8-6。

demo8-6

```
<!DOCTYPE html>
<html xmlns="http：//www.w3.org/1999/xhtml">
<head>
<title></title>
</head>
<body>
<form name="form1" method="post" action="index.html">
        性别：
<input type="radio" name="Question1" value="boy"/>男
<input type="radio" name="Question1" value="girl"/>女<br/>
        年龄段：
<input type="radio" name="Question2" value="90"/>90后
<input type="radio" name="Question2" value="00"/>00后
<input  type="radio" name="Question2" value="else"/>其他
</form>
</body>
</html>
```

运行结果如图8-8所示。

图8-8　运行结果

说明

在该案例中，性别和年龄段是两个单选按钮组，性别的名称都是Question1,年龄段的名称都是Question2，所以在性别单选按钮组中只能选择一个，在年龄段单选按钮组中也只能选择一个。单选按钮radio中的value属性值是向后台服务器传递的值。

8.2.5 checkbox（复选框）

单选按钮radio使得只能从选项列表中选择一项，而复选框checkbox使得可以从选项列表中选择一项或者多项。

checkbox语法如下。

```
<input type="checkbox" value="复选框取值" checked="checked"/>
```

checked属性表示该选项在默认情况下已经被选中，对于复选框，一个选项列表中可以有多个复选框被选中。

复选框checkbox不像单选按钮radio，它不需要设置选项列表的name，因为复选框可以多选。

HTML中的复选框是没有文本的，需要加入<label>标签，并且用<label>标签的for属性指向复选框的ID。

复选框案例见demo8-7。

demo8-7

```
<!DOCTYPE html>
<html xmlns="http://www.w3.org/1999/xhtml">
<head>
<title></title>
</head>
<body>
<form name="form1" method="post"  action="index.html">
    你喜欢的水果：<br />
<input id="checkbox1" type="checkbox" checked="checked"/><label for="checkbox1">苹果
</label><br />
<input id="checkbox2" type="checkbox" /><label for="checkbox2">香蕉</label><br />
<input id="checkbox3" type="checkbox" /><label for="checkbox3">西瓜</label><br />
<input id="checkbox4" type="checkbox" /><label for="checkbox4">凤梨</label>
</form>
</body>
</html>
```

运行结果如图8-9所示。

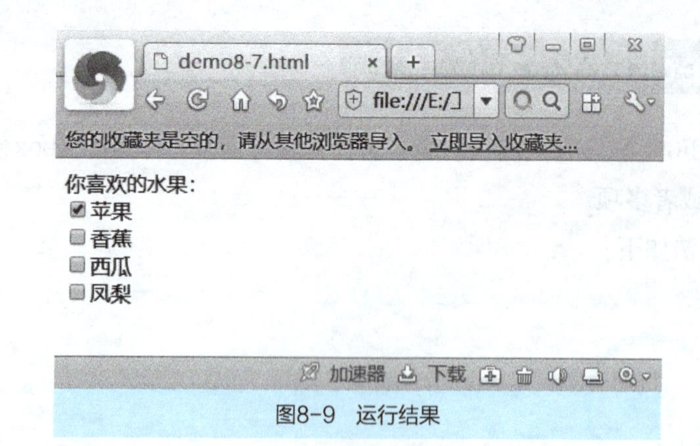

图8-9　运行结果

说明

“<label for="checkbox1">苹果</label>”表示label指向ID为checkbox1的复选框，以此类推。第一句代码中加了checked="checked"这个属性值，表示该选项默认情况下被选中。

在这里，复选框如果不配合<label>标签使用，也会显示相同的效果。但是为了方便后期的JavaScript语句，最好配合<label>标签使用。

```
<form name="form1" method="post" action="index.html">
        你喜欢的水果：<br />
<input id="checkbox1" type="checkbox" checked="checked"/><label for="checkbox1">苹果</label><br />
<input id="checkbox2" type="checkbox" />香蕉<br />
<input id="checkbox3" type="checkbox" />西瓜<br />
<input id="checkbox4" type="checkbox" />凤梨
</form>
```

8.2.6 button（普通按钮）

普通按钮一般情况下要配合JavaScript脚本来进行表单的实现。

button语法如下。

```
<input type="button" value="普通按钮的取值" onclick="JavaScript脚本程序"/>
```

说明

value的取值就是显示在按钮上的文字，onclick是普通按钮的事件，这个我们在JavaScript入门教程中会详细讲解，在此大家了解一下就可以了。

普通按钮实例见demo8-8。

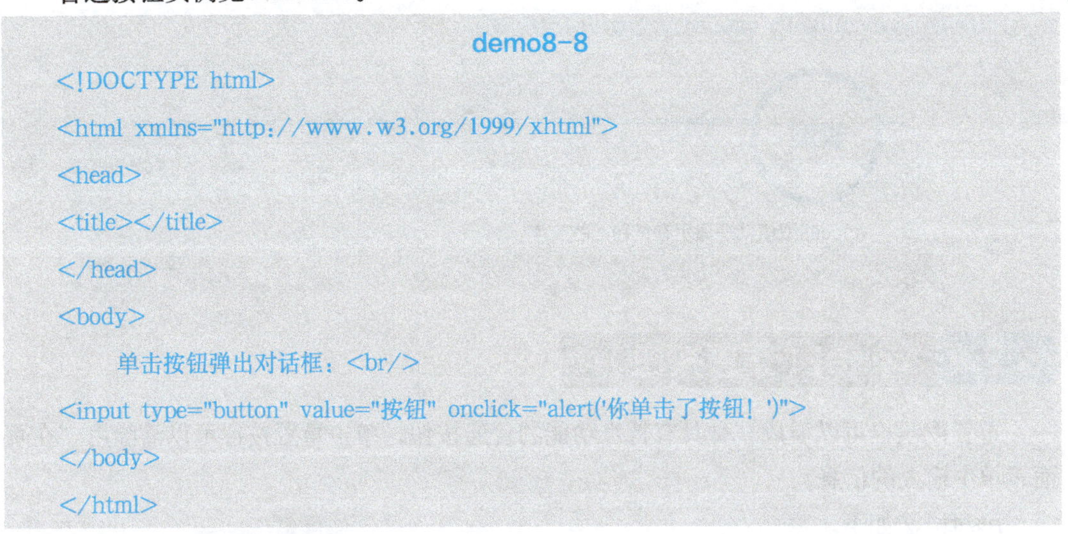

demo8-8

```
<!DOCTYPE html>
<html xmlns="http://www.w3.org/1999/xhtml">
<head>
<title></title>
</head>
<body>
    单击按钮弹出对话框：<br/>
<input type="button" value="按钮" onclick="alert('你单击了按钮！')">
</body>
</html>
```

运行结果如图8-10所示。

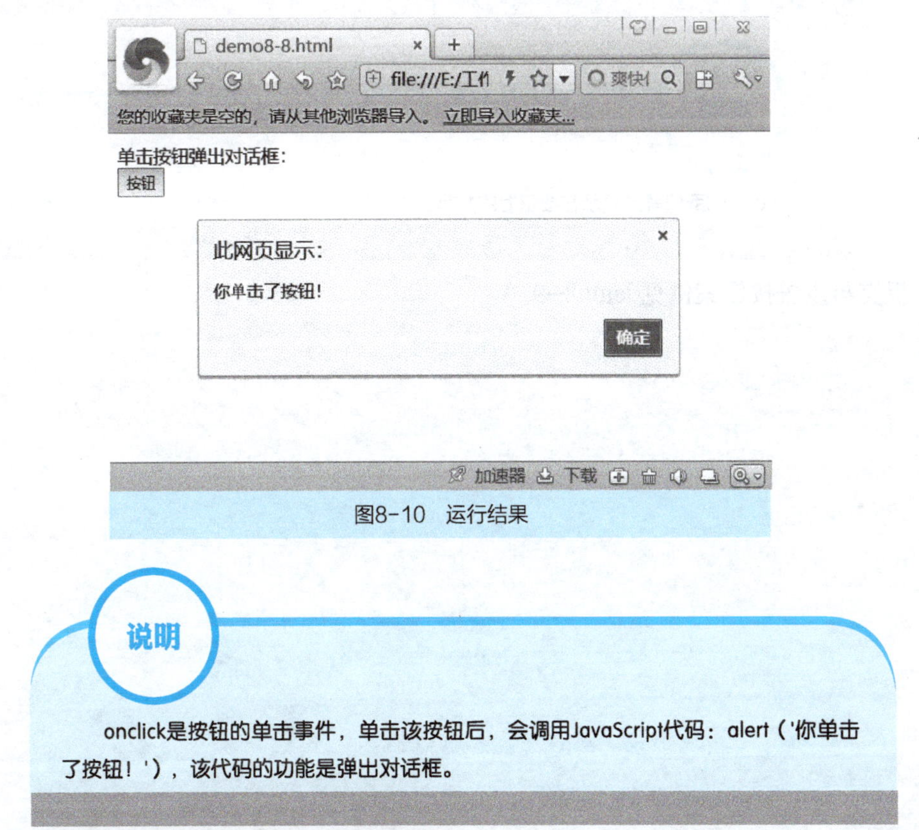

图8-10 运行结果

说明

onclick是按钮的单击事件，单击该按钮后，会调用JavaScript代码：alert（'你单击了按钮！'），该代码的功能是弹出对话框。

8.2.7 submit（提交按钮）

提交按钮可以看成一种具有特殊功能的普通按钮，单击提交按钮可以将表单内容提交给服务器处理。

submit语法如下。

```
<input type="submit" value="提交按钮的取值"/>
```

value的取值就是显示在按钮上的文字。

8.2.8 reset（重置按钮）

重置按钮也可以看成一种具有特殊功能的普通按钮，单击重置按钮可以清除用户在页面表单中输入的信息。

reset语法如下。

```
<input type="reset" value="重置按钮的取值"/>
```

value的取值就是显示在按钮上的文字。

提交与重置按钮案例见demo8-9。

demo8-9

```
<!DOCTYPE html>
<html xmlns="http://www.w3.org/1999/xhtml">
<head>
<title></title>
</head>
<body>
<form name="form1" method="post" action="index.jsp">
        账号：<input type="text"/><br/>
        密码：<input type="text"/><br/>
<input type="submit" value="提交"/>
<input type="reset" value="重置"/>
</form>
</body>
</html>
```

运行结果如图8-11所示。

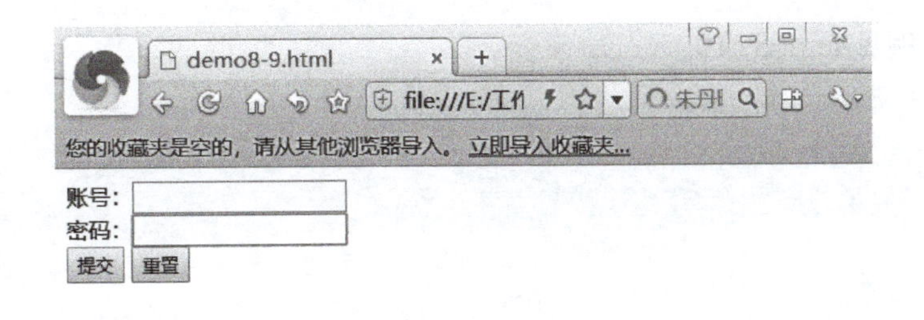

加速器 下载

图8-11 运行结果

> **说明**
>
> 单击“提交”按钮后，会把表单内容提交到index.jsp页面，现在没有搭建服务器，该功能目前无法实现，在动态网站中会详细讲解。单击“重置”按钮，会清除文本框的输入信息。

重置按钮可以清除用户在表单中输入的信息，但是重置按钮只能清除当前所在<form>标签内的表单元素内容，对当前所在<form>标签外的表单元素无效。

提交按钮也是针对当前所在<form>标签而言的，对当前所在<form>标签外的表单无效。

普通按钮、提交按钮和重置按钮的区别是：普通按钮一般与JavaScript脚本结合在一起来实现一些特效；提交按钮主要用于把当前所在<form>标签内部的表单输入信息提交给服务器处理；而重置按钮则是清除当前所在<form>标签内部表单元素的输入信息。

8.2.9 image（图片域）

image语法如下。

```
<input type="image" src="图像的路径"/>
```

> **说明**
>
> 图片域image既拥有按钮的特点，也拥有图像的特点。因此，它需要设置图像的路径，方法跟img标签引用图像设置路径一样。

图像域案例见demo8–10。

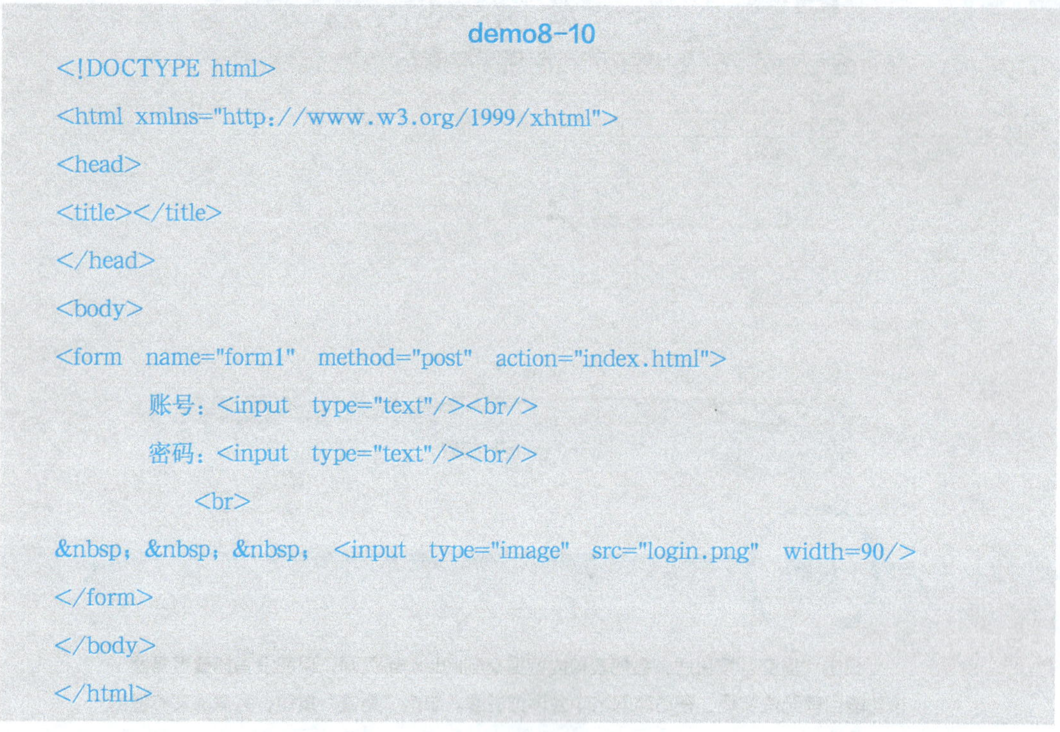

demo8-10

```
<!DOCTYPE html>
<html xmlns="http://www.w3.org/1999/xhtml">
<head>
<title></title>
</head>
<body>
<form  name="form1"  method="post"  action="index.html">
        账号：<input  type="text"/><br/>
        密码：<input  type="text"/><br/>
            <br>
    <input  type="image"  src="login.png"  width=90/>
</form>
</body>
</html>
```

运行结果如图8–12所示。

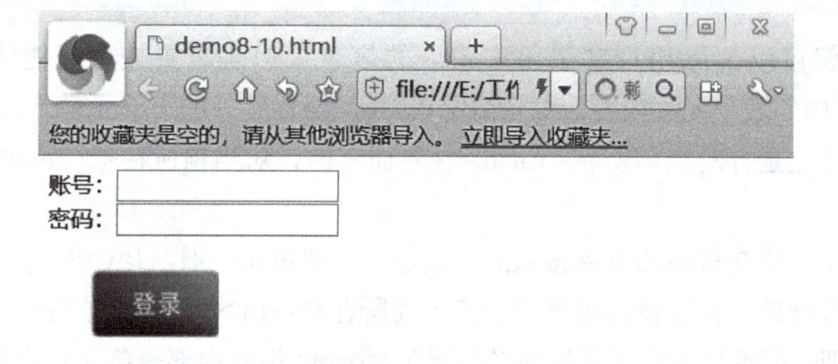

图8–12　运行结果

说明

在该案例中，image的登录按钮功能和input type="submit"的登录功能一样，使用image登录按钮会使界面更美观，但是使用图像，会增大数据传输量。

8.2.10 hidden（隐藏域）

有时候我们想要在页面传送一些数据，但是又不想让用户看见，这个时候可以通过一个隐藏域来传送这样的数据。隐藏域包含那些要提交处理的数据，但这些数据并不显示在浏览器中。

hidden语法如下。

```
<input type="hidden"/>
```

隐藏域案例见demo8-11。

demo8-11

```
<!DOCTYPE html>
<html xmlns="http://www.w3.org/1999/xhtml">
<head>
<title></title>
</head>
<body>
<form name="form1" method="post" action="demo8-11.html">
        账号：<input type="text"/><br/>
        密码：<input type="password"/>
<input type="hidden" name="age" value="10"/><br>
            <input type="submit" value="提交">
</form>
</body>
</html>
```

运行结果如图8-13所示。

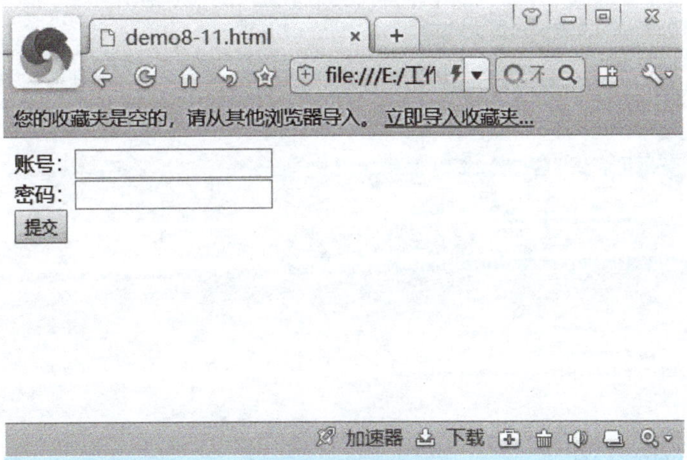

图8-13　运行结果

说明

在该案例中，单击“提交”按钮除了会向服务器端传送账号、密码数据外，还可以传送一个值为10的age变量。在静态网页中基本用不到隐藏域，都是在动态网站中应用。

8.2.11 file（文件域）

文件上传是网站中常见的功能，例如网盘文件上传和邮箱上传文件。在网盘、论坛等，用户需要经常上传图片给服务器。在HTML中，文件上传同样也使用<input>标签。当使用文件域file时，必须在form的标签中说明编码方式“enctype=multipart/form-data”。这样，服务器才能接收到正确的信息。

file语法如下。

```
<input type="file"/>
```

文件域案例见demo8-12。

demo8-12

```
<!DOCTYPE html>
<html xmlns="http://www.w3.org/1999/xhtml">
<head>
<title></title>
</head>
<body>
<form name="form1" method="post"
action="index.html" enctype="multipart/form-data">
        姓    名:<input type="text" name="xm"><p>
        家庭地址：<input type="text" name="address"><p>
        身份证：      <input type="file"/><p>
            
        <input type="submit" value="提交">
</form>
</body>
</html>
```

运行结果如图8-14所示。

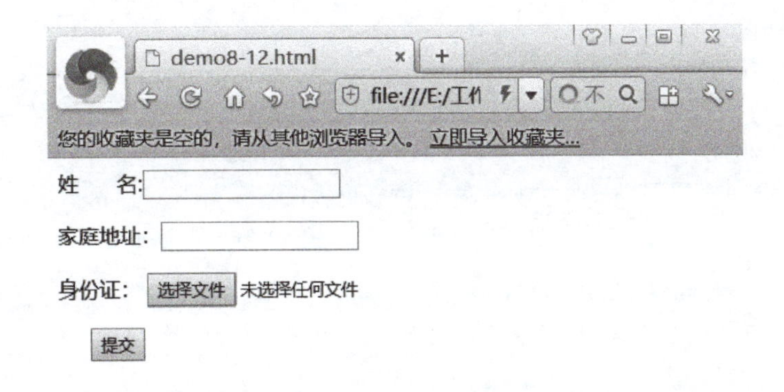

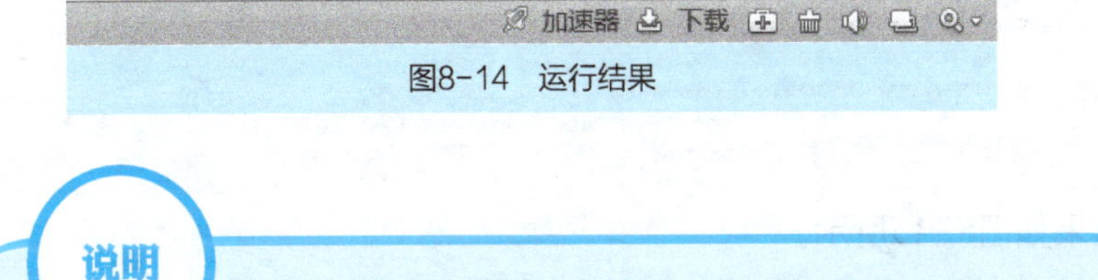

图8-14 运行结果

说明

单击“选择文件”可以弹出【选择文件】对话框，选择身份证，即可上传。

8.2.12 textarea（多行文本框）

单行文本框只能输入一行信息，而多行文本框可以输入多行信息。设置多行文本框使用的是textarea标签，而不是input标签。

textarea语法如下。

```
<textarea rows="行数" cols="列数">多行文本框内容</textarea>
```

说明

在该语法中，不能使用value属性来建立一个在文本域中显示的初始值，这一点跟单行文本框不一样。对于多行文本框的默认文字内容，可以设置，也可以不设置。

多行文本框案例见demo8-13。

demo8-13

```
<!DOCTYPE html>
<html xmlns="http://www.w3.org/1999/xhtml">
<head>
```

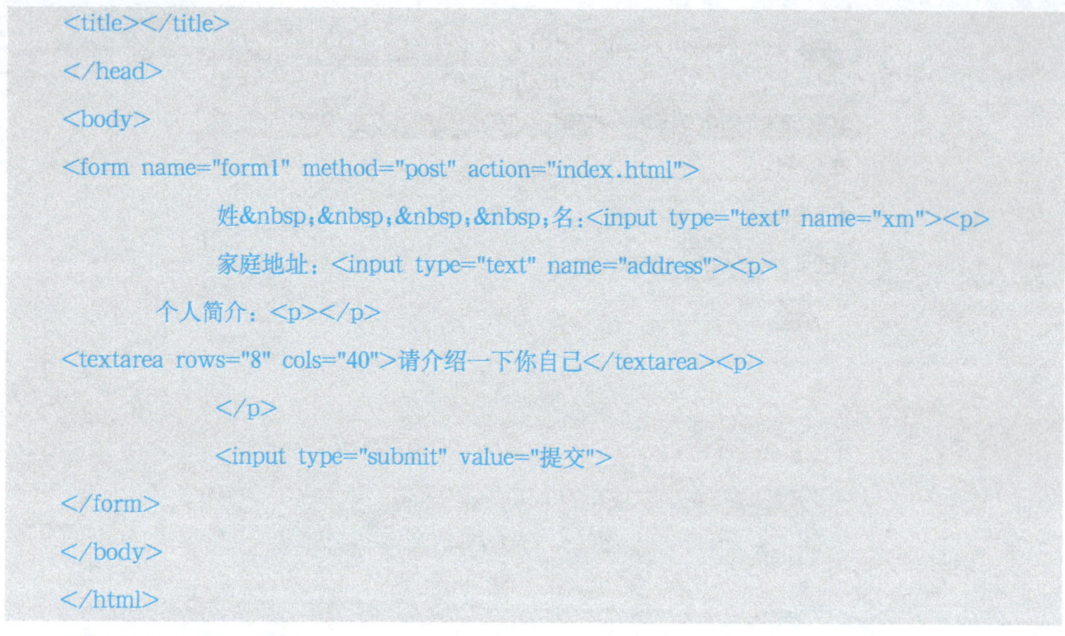

```
<title></title>
</head>
<body>
<form name="form1" method="post" action="index.html">
            姓    名:<input type="text" name="xm"><p>
            家庭地址：<input type="text" name="address"><p>
      个人简介：<p></p>
<textarea rows="8" cols="40">请介绍一下你自己</textarea><p>
            </p>
            <input type="submit" value="提交">
</form>
</body>
</html>
```

运行结果如图8–15所示。

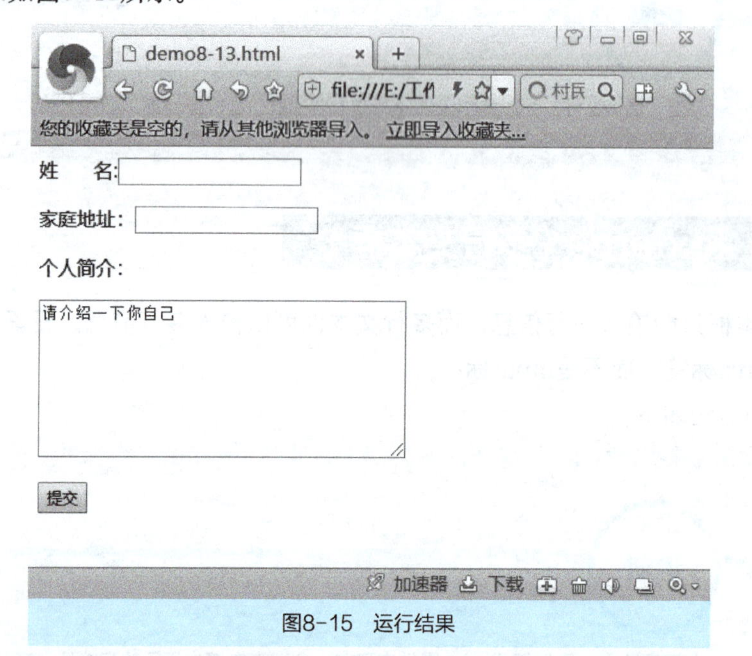

图8–15　运行结果

文本框有3种形式：单行文本框text、密码文本框password和多行文本框textarea。单行文本框和密码文本框使用的是<input>标签，而多行文本框使用的是<textarea>标签。

8.2.13 下拉列表

下拉列表的设置需要<select>和<option>这两个标签配合使用。这个特点跟列表是一样的，如无序列表的设置需要<ul>标签和<li>标签配合使用。为了便于理解，可以把下拉列表看成一个特殊的无序列表。

下拉列表是一种节省页面空间的选择方式，因为在正常状态下只显示一个选项，单击下拉菜单后才会看到全部的选项。

下拉列表语法如下。

```
<select>
    <option>选项显示的内容</option>
    ……
    <option>选项显示的内容</option>
</select>
```

下拉列表案例见demo8-14。

demo8-14

```
<!DOCTYPE html>
<html xmlns="http://www.w3.org/1999/xhtml">
<head>
<title></title>
</head>
<body>
    <form name="form1" method="post" action="index.html">
            姓    名:<input type="text" name="xm"><p>
            您喜欢的课程:
<select>
<option>HTML</option>
<option>CSS</option>
<option>jQuery</option>
<option>JavaScript</option>
<option>ASP.NET</option>
<option>Ajax</option>
</select><p></p>
            <input type="submit" value="提交">
            </form>
</body>
</html>
```

运行结果如图8-16所示。

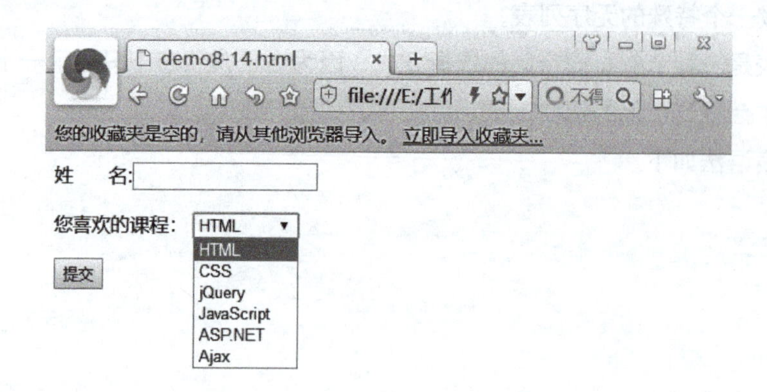

图8-16 运行结果

下拉列表具有如下属性。

(1) <select>标签属性

1）multiple属性。下拉列表multiple属性，用来定义下拉列表展开之后可见选项的数目可选数量属性，只有一个属性值"multiple"。默认情况下下拉列表只能选择一项，当设置multiple= “multiple”时，下拉列表可以选择多项。

select语法如下。

```
<select multiple="multiple">
    <option>选项显示的内容</option>
    ……
    <option>选项显示的内容</option>
</select>
```

案例见demo8-15。

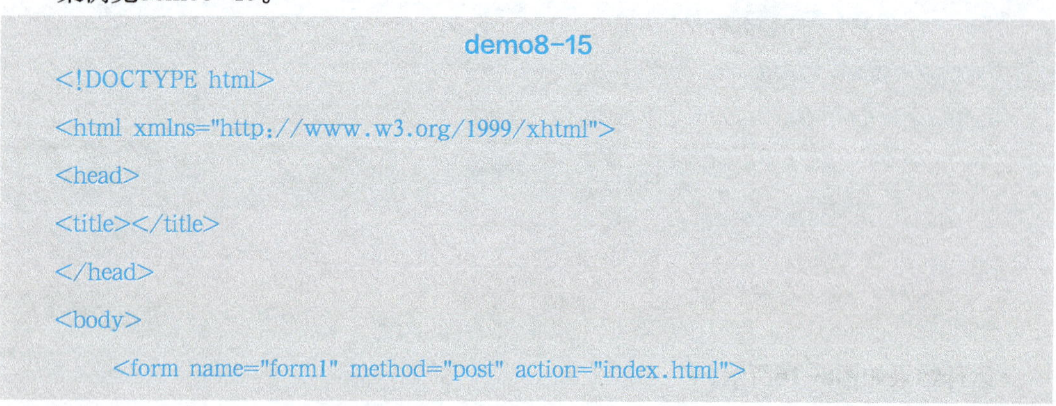

demo8-15

```
<!DOCTYPE html>
<html xmlns="http://www.w3.org/1999/xhtml">
<head>
<title></title>
</head>
<body>
    <form name="form1" method="post" action="index.html">
```

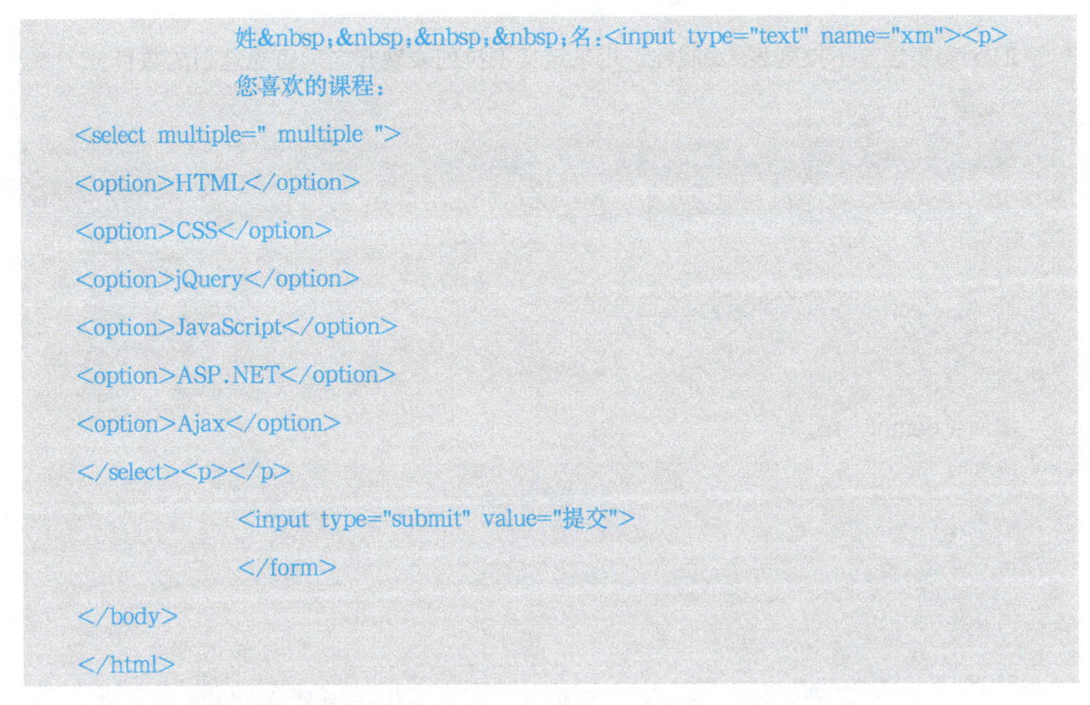

```
            姓    名:<input type="text" name="xm"><p>
            您喜欢的课程:
<select multiple=" multiple ">
<option>HTML</option>
<option>CSS</option>
<option>jQuery</option>
<option>JavaScript</option>
<option>ASP.NET</option>
<option>Ajax</option>
</select><p></p>
            <input type="submit" value="提交">
            </form>
</body>
</html>
```

运行结果如图8-17所示。

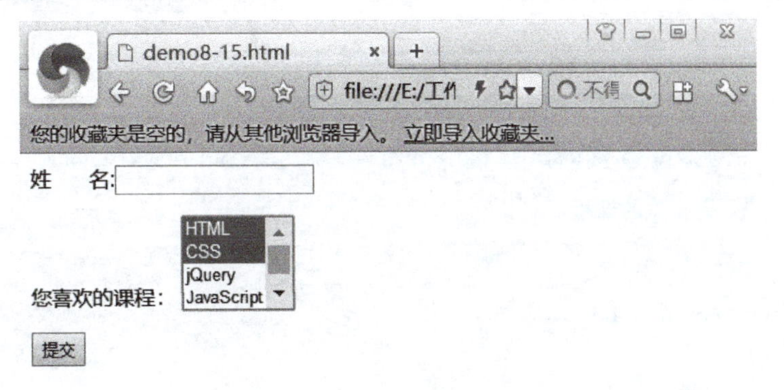

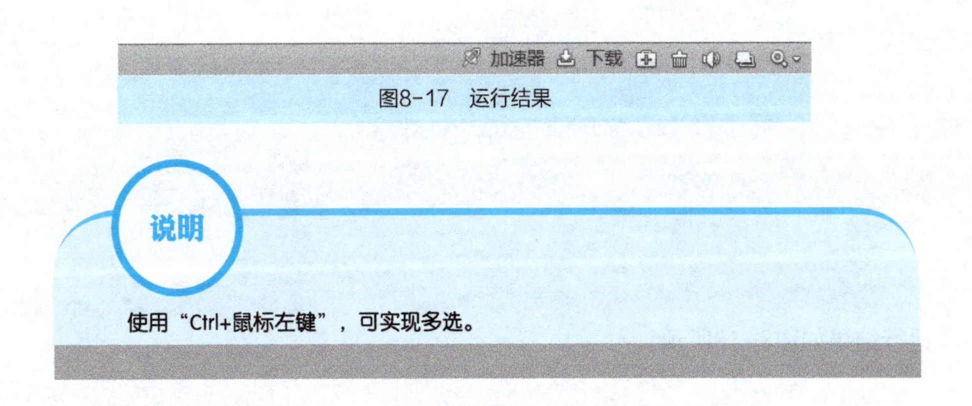

图8-17 运行结果

说明

使用“Ctrl+鼠标左键”，可实现多选。

2）size属性。下拉列表size属性，用来定义下拉列表展开之后可见选项的数目。size语法如下。

```
<select multiple="multiple" size="可见列表项的数目">
    <option>选项显示的内容</option>
    ……
    <option>选项显示的内容</option>
</select>
```

案例见demo8-16。

```
demo8-16
<!DOCTYPE html>
<html xmlns="http://www.w3.org/1999/xhtml">
<head>
<title></title>
</head>
<body>
    <form name="form1" method="post" action="index.html">
            姓    名:<input type="text" name="xm"><p>
            您喜欢的课程:
<select multiple="multiple" size="5">
<option>HTML</option>
<option>CSS</option>
<option>jQuery</option>
<option>JavaScript</option>
<option>ASP.NET</option>
<option>Ajax</option>
</select><p></p>
            <input type="submit" value="提交">
            </form>
</body>
</html>
```

运行结果如图8-18所示。

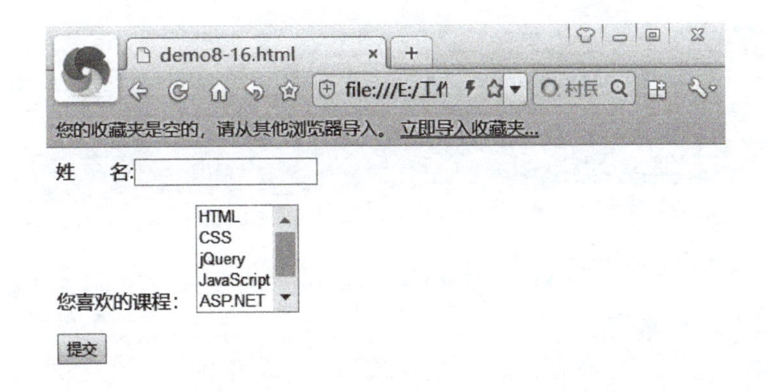

图8-18 运行结果

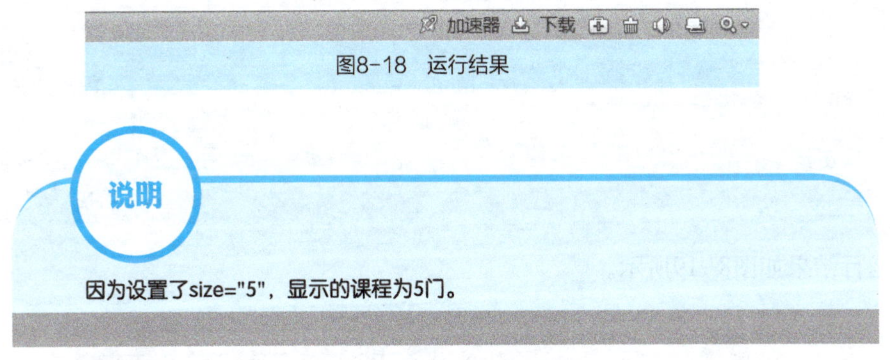

(2) option标签属性

1) value属性。设置该列表项的值，该值是服务器接收到的值。

2) selected属性。selected属性表示这个列表项是否选中。

option语法如下。

```
<select multiple="multiple" size="可见列表项的数目">
    <option value="选项值" selected="selected">选项显示的内容</option>
    ......
    <option value="选项值">选项显示的内容</option>
</select>
```

案例见demo8-17。

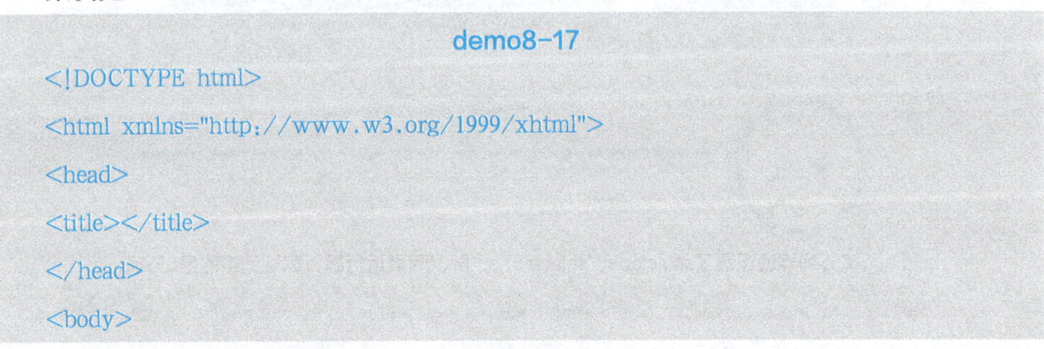

demo8-17

```
<!DOCTYPE html>
<html xmlns="http://www.w3.org/1999/xhtml">
<head>
<title></title>
</head>
<body>
```

```
        <form name="form1" method="post" action="index.html">
                姓    名:<input type="text" name="xm"><p>
                您喜欢的课程:
<select multiple="multiple" size="5">
<option>HTML</option>
<option selected="selected">CSS</option>
<option>jQuery</option>
<option>JavaScript</option>
<option>ASP.NET</option>
<option>Ajax</option>
</select><p></p>
                <input type="submit" value="提交">
                </form>
</body>
</html>
```

运行结果如图8-19所示。

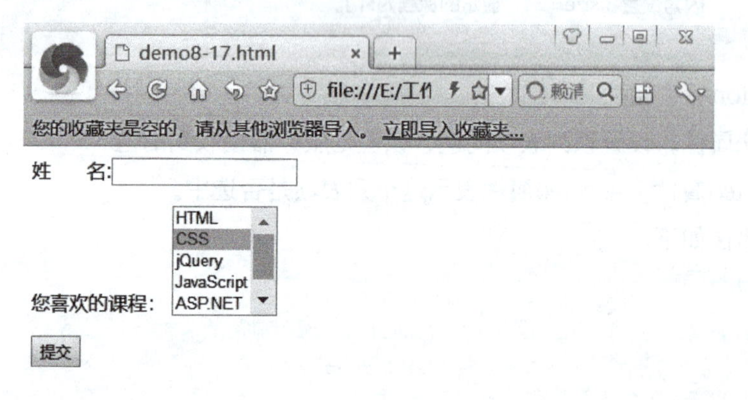

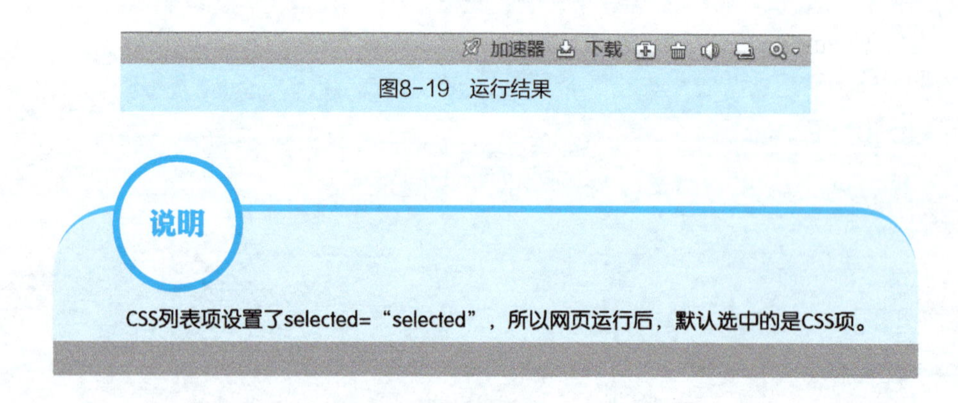

图8-19　运行结果

说明

CSS列表项设置了selected=“selected”，所以网页运行后，默认选中的是CSS项。

8.3 阶段性案例——学生信息登记表

表单在网页中主要负责数据采集功能。本章主要介绍了表单的两个基本组成部分：表单标签和表单对象。表单对象包含了文本框、密码框、隐藏域、多行文本框、复选框、单选框、下拉列表和文件域等。前面通过一些简单的案例介绍了表单各个组成部分的应用。下面介绍一个综合案例，以帮助大家更全面、更深入地掌握表单的相关知识。

案例描述

制作一个学生信息登记表，要求统计学生的用户名、手机、性别、兴趣、所在城市、自我介绍等基本内容。网页效果图如图8-20所示。

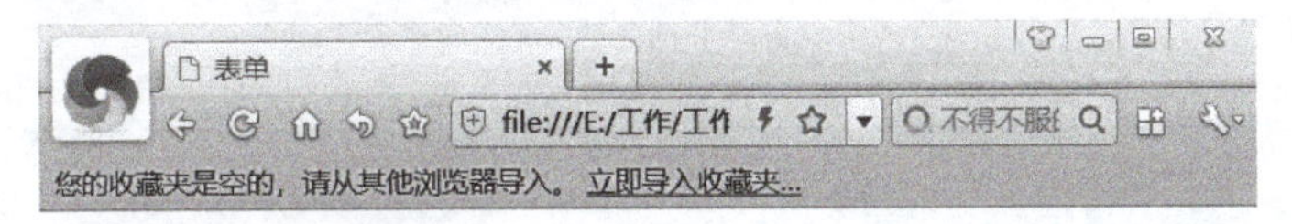

图8-20　学生信息登记表效果图

案例分析

根据效果图，确定各个表单项。

1）用户名使用单行文本框。

2）手机使用单行文本框。

3）性别使用单选按钮。

4）兴趣使用复选框。

5）头像使用文件域。

6）城市使用下拉列表，并且只能选择一个。

7）自我介绍使用多行文本框。

案例实现

案例代码见demo8-18。

demo8-18

```
<!DOCTYPE html PUBLIC "-//W3C//DTD XHTML 1.0 Transitional//EN"
"http://www.w3.org/TR/xhtml1/DTD/xhtml1-transitional.dtd">
<html>
<head>
<meta http-equiv="content-type" content="text/html;charset=UTF-8" />
<meta name="keywords" content=""/>
<meta name="description" content="" />
<title>表单</title>
</head>
<body>
<h1>学生信息登记表</h1>
<form action="" method="" name="myForm">
用户名:<input type="text" name="username" value="李四" size="20" maxlength="4"
/><br/><br/>
手机:<input type="password" name="password" /><br/><br/>
性别:<label><input type="radio" name="gender" value="man"/>男</label>
<input type="radio" name="gender" value="female" id="nv" /><label for="nv">女</
label><br/><br/>
兴趣:<input type="checkbox" name="interest" value="sing" />唱歌
<input type="checkbox" name="interest" value="dance" />跳舞
<input type="checkbox" name="interest" value="敲代码" checked="checked"
disabled="disabled"/>敲代码<br/><br/>
头像:<input type="file" name="pic" /><br/><br/>
城市：<select name="city">
<option value="">-请选择城市-</option>
<option value="bj">北京</option>
```

```
<option value="gz">广州</option>
<option value="sh">上海</option>
</select><br/><br/>
自我介绍:<br/>
<textarea rows="8" cols="30"></textarea><br/><br/>
<input type="submit" value="提交"/>
<input type="reset" value="充填"/>
<input type="button" value="普通按钮" />
    </form>
</body>
</html>
```

第9章 网站部署

学习目标

1）了解网站部署的基本流程。

2）掌握IIS服务器的配置。

3）掌握本地网站部署流程。

4）掌握网站部署到服务器的步骤。

5）了解网站的域名和空间。

通过前面的学习我们已经基本掌握了网页设计的基本知识，本章将对网站的部署进行介绍，包括本地部署和远程部署，网站部署到服务器后就可以通过网络进行访问了。

9.1 网站部署的基本流程

网站开发完毕后，可以将网站部署到服务器，只有将网站部署到Web服务器才能通过网络访问网站，网站的部署一般来说根据服务器的不同而不同，下面将对常见的Web服务器部署流程进行介绍。

9.1.1 IIS服务器网站部署基本流程

IIS是Internet Information Services的缩写，意为互联网信息服务，是由微软公司提供的基于运行Microsoft Windows的互联网基本服务。目前常见的Windows 7/10/Server都集成了IIS服务器，该服务器是Windows默认提供的Web服务器，如图9-1所示。

图9-1　IIS7服务器Logo

IIS服务器可以很好地支持微软体系的编程语言网站，如ASP、ASP.NET等，也可以通过配置支持PHP和Java应用。

在IIS上部署网站应用，可以分为以下几个步骤。

1）打开系统的IIS Web服务器相关功能。

2）配置网站路径。

3）配置域名（远程服务器需要该步骤）。

4）域名解析（远程服务器需要该步骤）。

5）访问网站。

9.1.2 Apache服务器网站部署基本流程

Apache服务器是世界使用最为广泛的Web服务器之一。它可以运行在几乎所有计算机平台上，具有良好的跨平台性和安全性，是最流行的Web服务器端软件之一。它快速、可靠并且可通过简单的API扩充。Apache服务器Logo如图9-2所示。

图9-2　Apache服务器Logo

Apache服务器可以很好地支持各种编程语言实现的网站，其网站部署的基本步骤如下。

1）安装Apache服务器。

2）修改http文件，配置网站目录。

3）启动Apache服务器。

4）访问部署网站，进行测试。

9.2 网站的本地部署

网站做完之后就可以进行部署，本地部署可以作为正式部署前的一种测试，下面以Windows自带的IIS7为例进行网站的本地部署。

9.2.1 安装IIS服务器

Windows 7/10/Server均对IIS服务器进行了集成，但需要在系统中打开此功能，下面以Windows 7为例演示如何配置IIS WEB服务器。

1）打开控制面板，单击“程序”选项，如图9-3所示。

图9-3　在控制面板中选择“程序”选项

2）进入后单击“默认程序”选项，如图9-4所示。

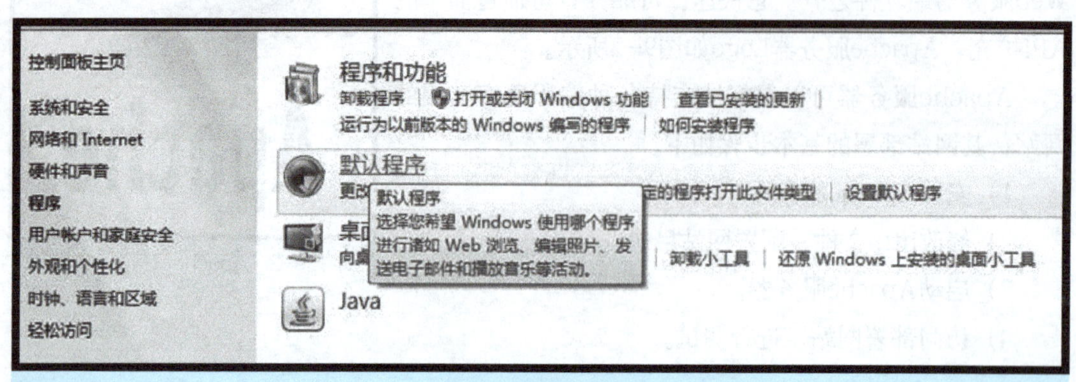

图9-4　程序功能界面

3）进入后，单击左侧“程序和功能”选项，如图9-5所示。

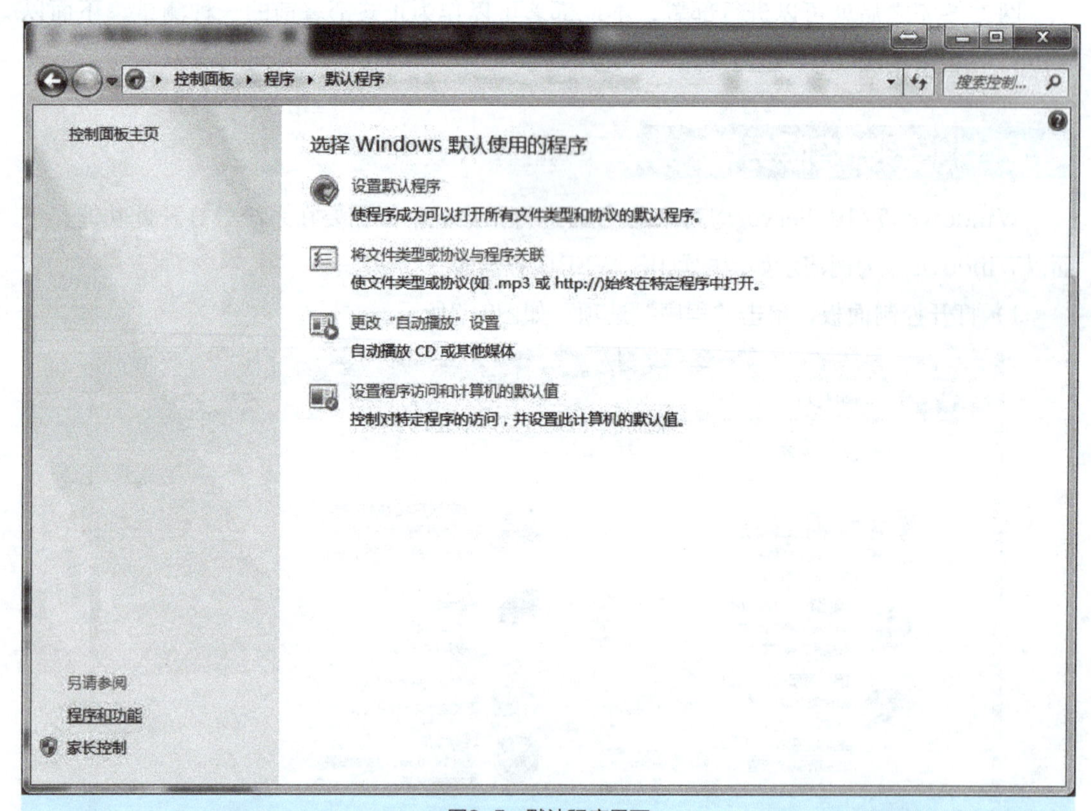

图9-5　默认程序界面

4）进入后，单击左侧“打开或关闭Windows功能”选项，如图9-6所示。

5）系统将打开“Windows功能”对话框，勾选万维网服务相关选项，如图9-7所示。

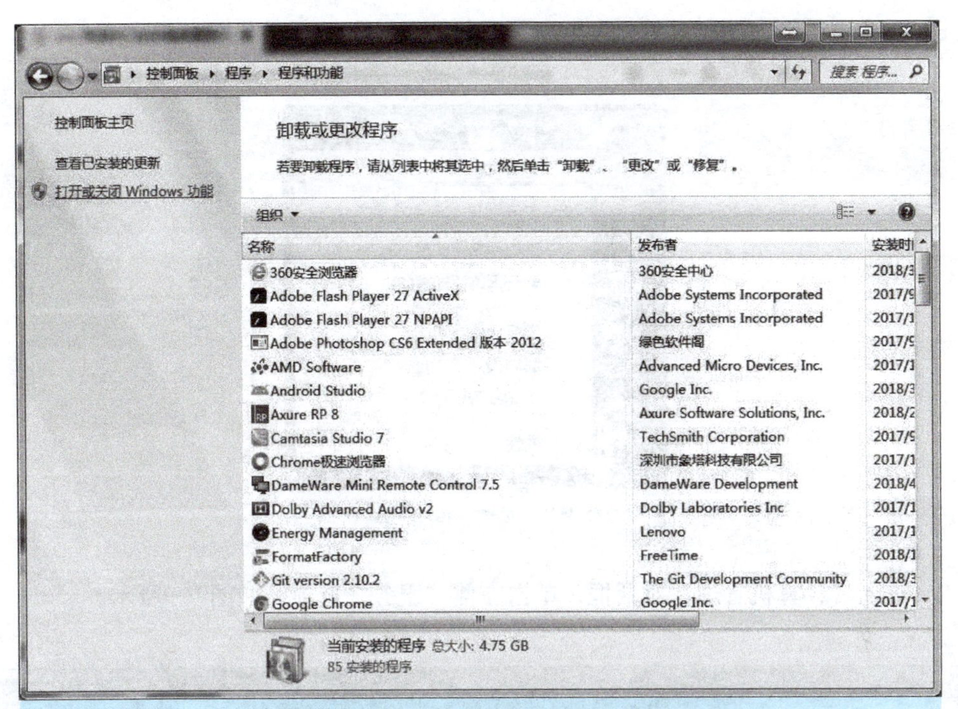

图9-6 程序相关功能界面

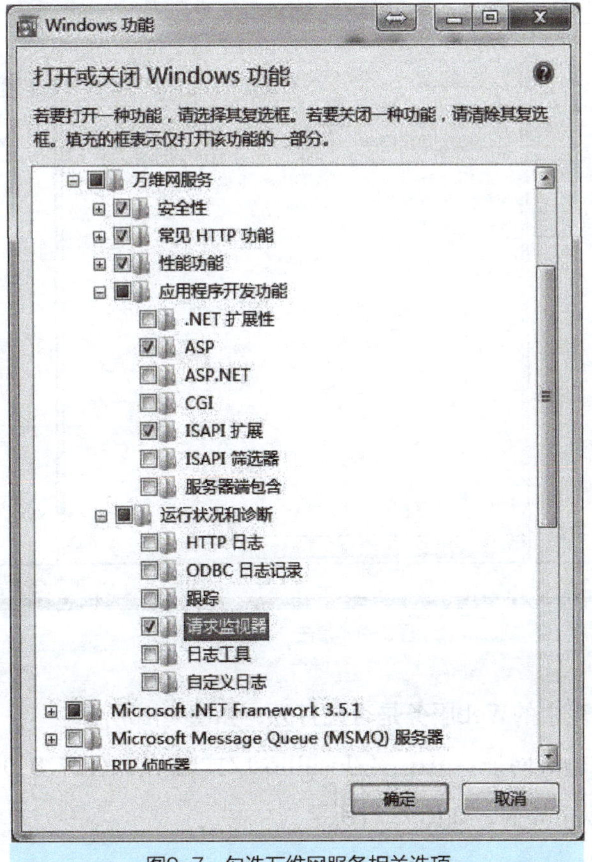

图9-7 勾选万维网服务相关选项

6）重启系统，右击“计算机”图标，选择“管理”选项，如图9-8所示。

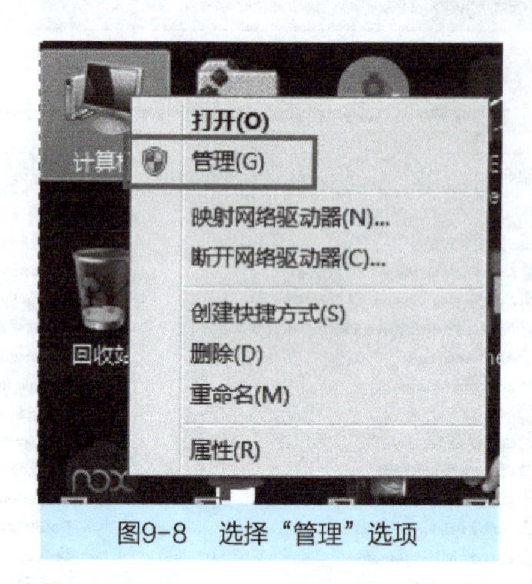

图9-8　选择“管理”选项

7）进入“计算机管理”对话框，单击左侧“服务”选项，如图9-9所示。

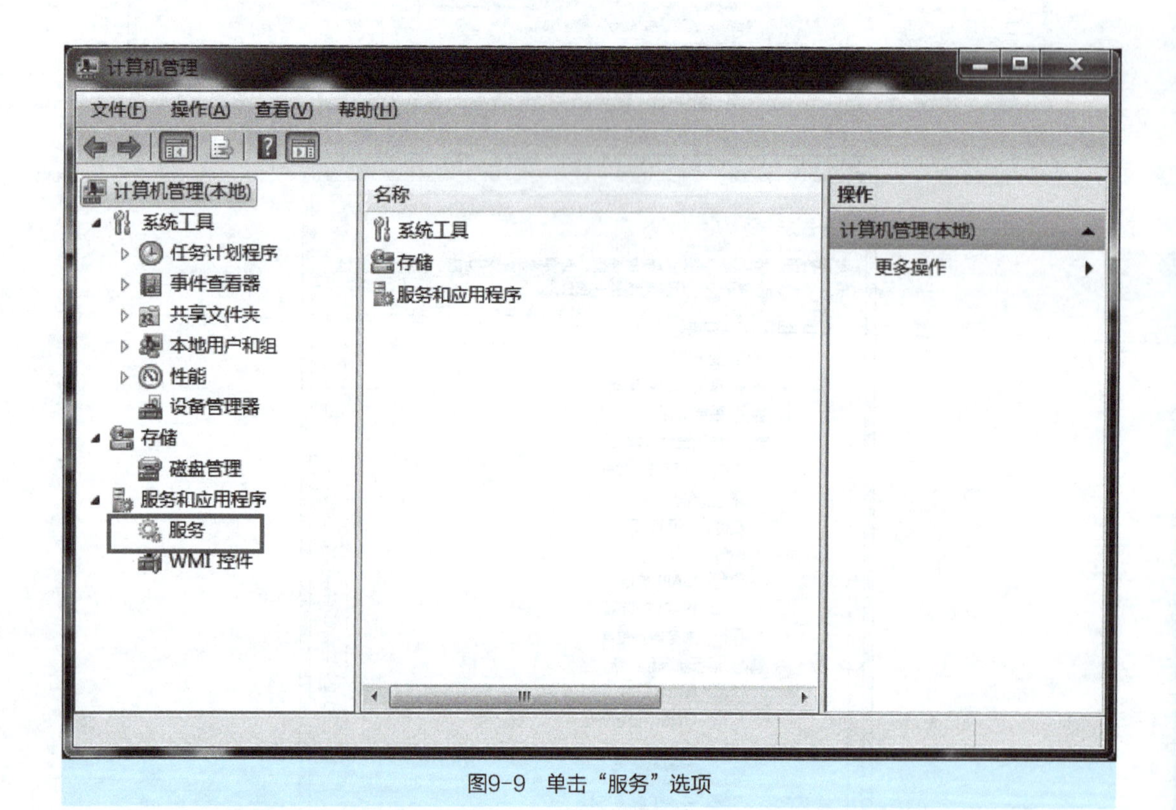

图9-9　单击“服务”选项

8）查看服务列表中的Web服务是否已打开，如图9-10所示。

9）在浏览器中输入网址：http://localhost/或http://127.0.0.1/进行测试，如配置正确，将会出现以下界面，如图9-11所示。

名称	描述	状态	启动类型	登录为
Windows Management Instrumentation	提供共同的界面和对象模式以便访问有...	已启动	自动	本地系统
Windows Media Center Receiver Service	电视或 FM 广播接收的 Windows Me...		手动	网络服务
Windows Media Center Scheduler Service	在 Windows Media Center 中开始和...		手动	网络服务
Windows Media Player Network Sharing Service	使用通用即插即用设备与其他网络播放...	已启动	自动(延迟...	网络服务
Windows Modules Installer	启用 Windows Update 和可选组件的...		手动	本地系统
Windows Presentation Foundation Font Cache ...	通过缓存常用的字体数据来优化 Wind...	已启动	手动	本地服务
Windows Process Activation Service	Windows Process Activation Service...	已启动	手动	本地系统
Windows Remote Management (WS-Managem...	Windows 远程管理(WinRM)服务执行 ...		手动	网络服务
Windows Search	为文件、电子邮件和其他内容提供内容...	已启动	手动	本地系统
Windows Time	维护在网络上的所有客户端和服务器的...		手动	本地服务
Windows Update	启用检测、下载和安装 Windows 和其...	已启动	自动(延迟...	本地系统
WinHTTP Web Proxy Auto-Discovery Service	WinHTTP 实现了客户端 HTTP 堆栈并...	已启动	手动	本地服务
Wired AutoConfig	有线自动配置(DOT3SVC)服务负责对...	已启动	自动	本地系统
WLAN AutoConfig	WLANSVC 服务提供配置、发现、连接...	已启动	自动	本地系统
WMI Performance Adapter	Provides performance library infor...		手动	本地系统
Workstation	使用 SMB 协议创建并维护客户端网络...	已启动	自动	网络服务
World Wide Web Publishing Service	通过 Internet 信息服务管理器提供 W...	已启动	自动	本地系统
WWAN AutoConfig	该服务管理移动宽带(GSM 和 CDMA)...		手动	本地服务
传真	利用计算机或网络上的可用传真资源发...		手动	网络服务
猎豹免费WiFi核心服务程序	猎豹免费WiFi核心服务程序	已启动	自动	本地系统
搜狗拼音输入法基础服务	为搜狗输入法提供基础服务，如果禁用...		手动	本地系统

图9-10 查看Web服务是否已打开

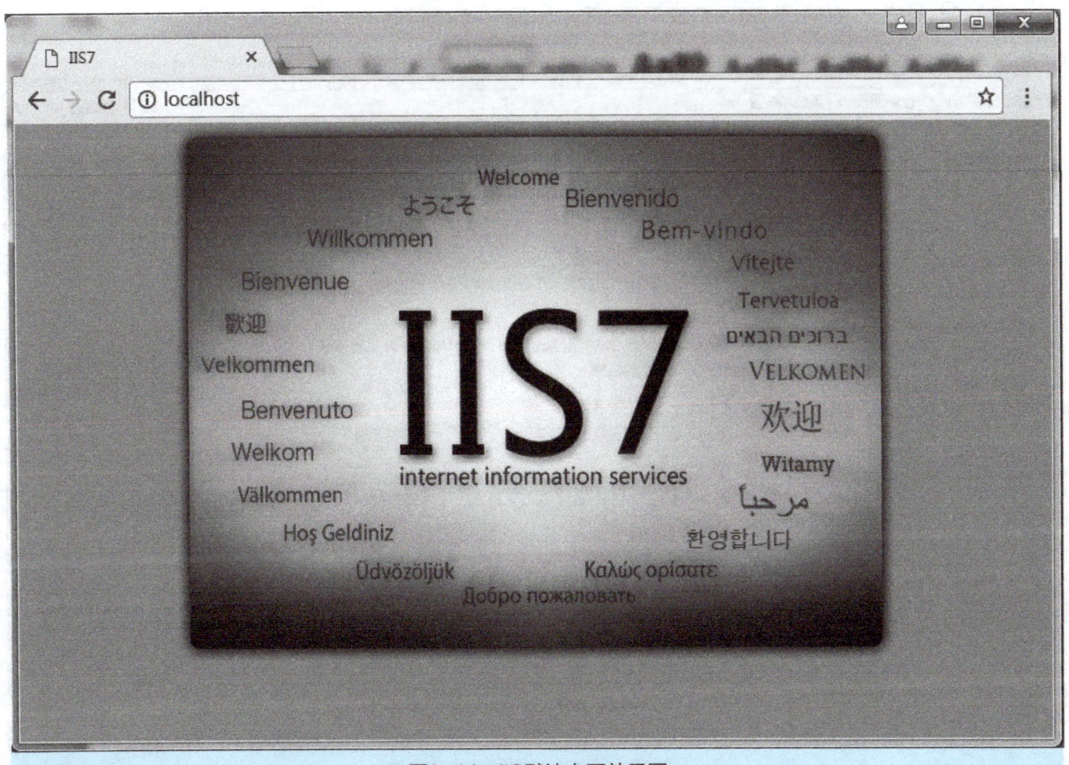

图9-11 IIS默认主页效果图

至此，已正确配置了IIS服务器，可以进入IIS服务器的管理控制台查看IIS的相关配置信息，并将网站部署到IIS，将其设置为默认站点，其操作步骤如下。

1）进入控制面板，选择“系统和安全”选项，如图9-12所示。

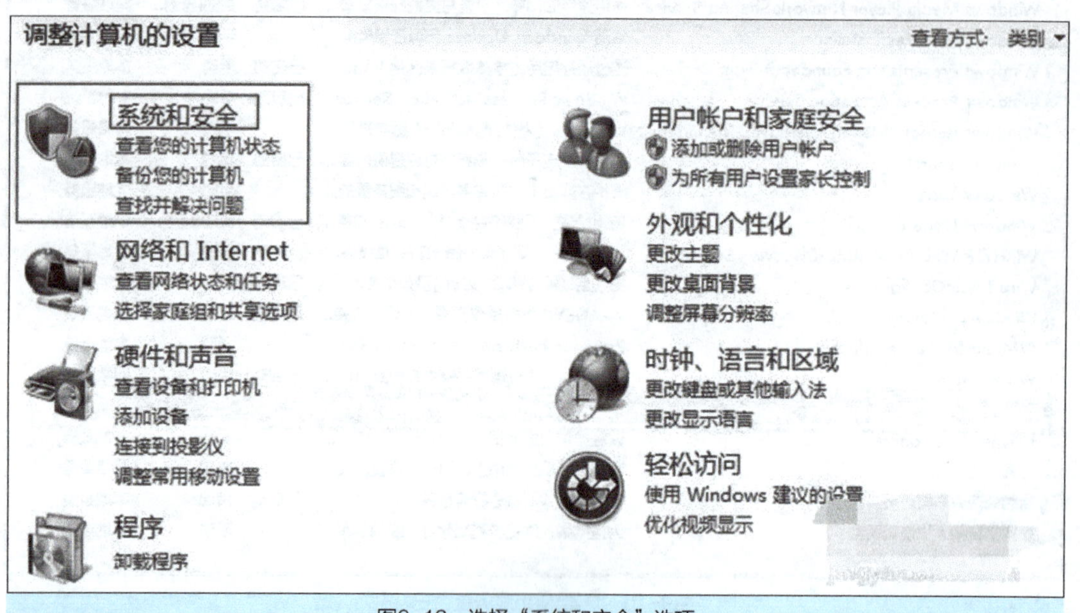

图9-12　选择“系统和安全”选项

2）进入后，选择“管理工具”选项，如图9-13所示。

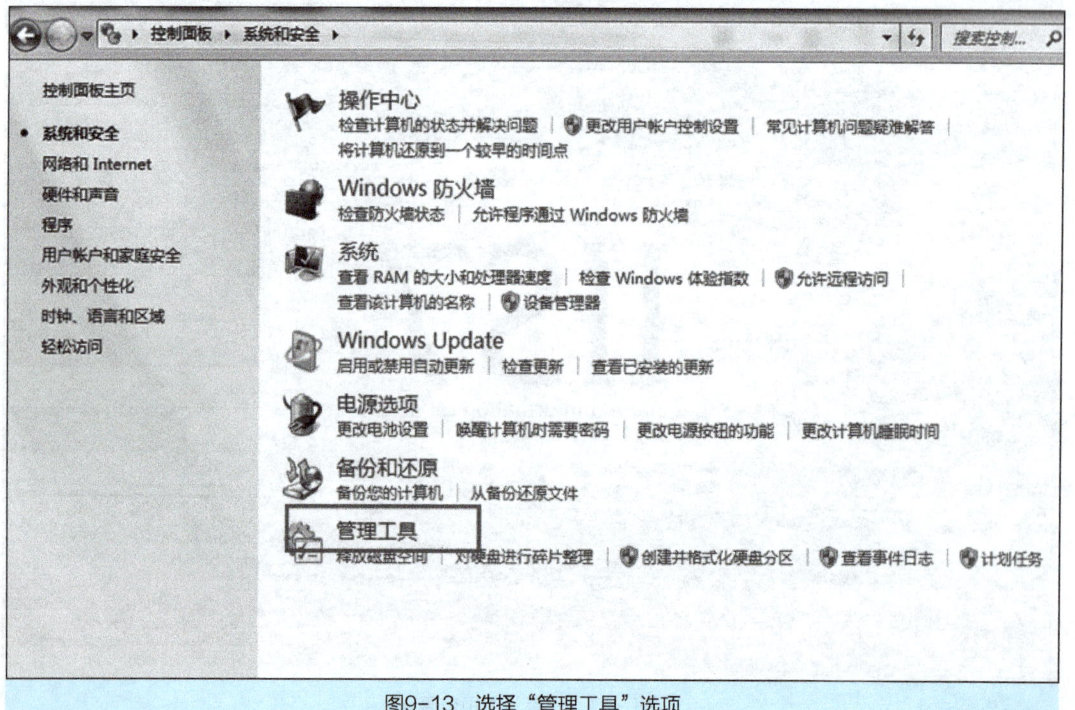

图9-13　选择“管理工具”选项

3）从列表中找出“Internet信息服务（IIS）管理器”，如图9-14所示。

图9-14 选择“Internet信息服务（IIS）管理器”

4）打开IIS管理器，可以看到IIS服务器下的网站列表和默认网站，如图9-15所示。

图9-15 网站列表和默认网站

5）选择默认网站“Default Web Site”，然后查看其网站设置，如图9-16所示。

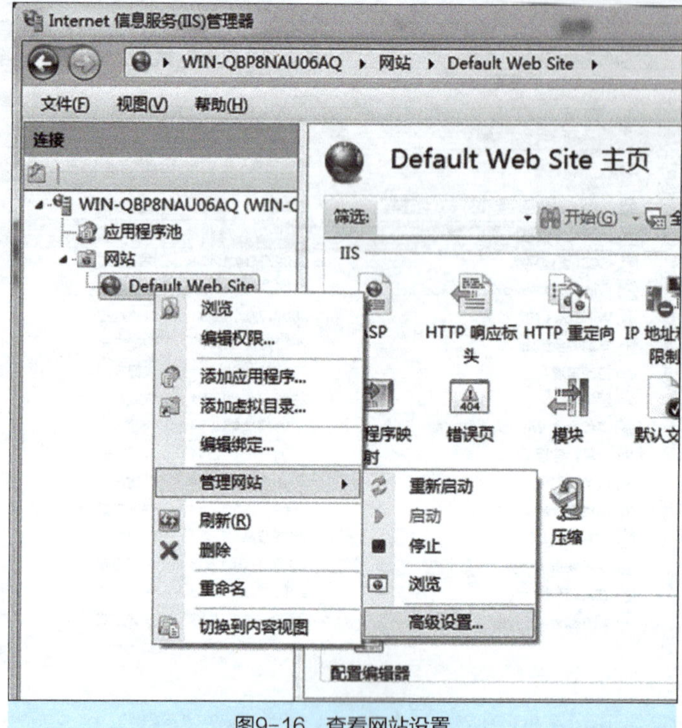

图9-16　查看网站设置

6）在“高级设置”对话框中可以看到默认网站的物理路径、端口绑定情况等，如图9-17所示。

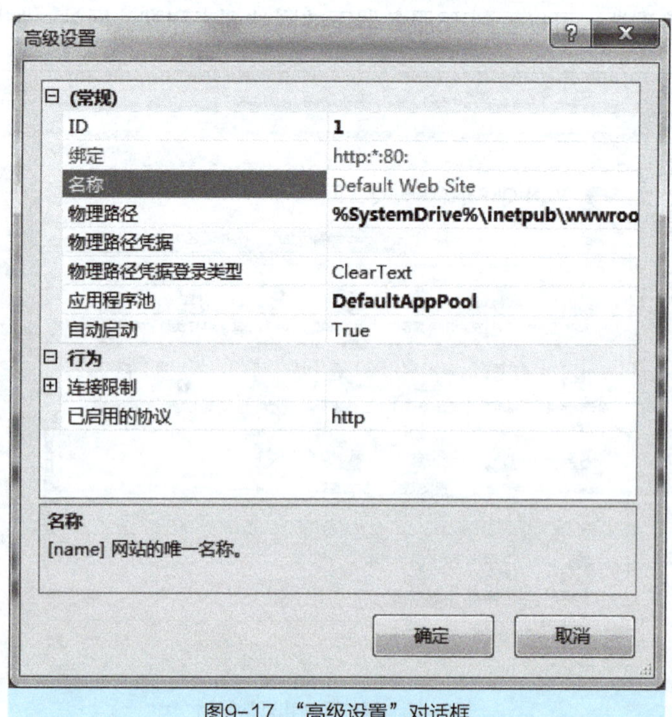

图9-17　“高级设置”对话框

7）将物理路径设置为网站的目录，本网站根目录为D:\mysite，因此设置后其物理路径如图9-18所示。

可以在IIS中观察默认网站下目录的变化，可以看到css和images目录，如图9-19所示。

图9-18　设置网站根目录

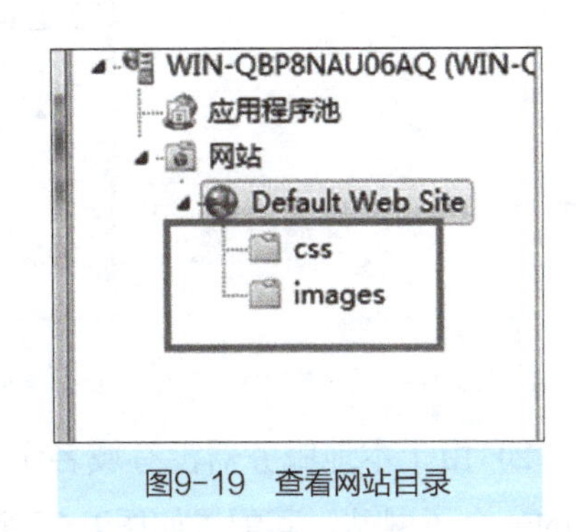

图9-19　查看网站目录

8）打开浏览器，输入默认网站地址http://localhost/或http://127.0.0.1，可以看到网站已部署为IIS服务器的默认网站，如图9-20所示。

图9-20　默认网站运行效果

如果可以看到以上效果，则说明网站已成功部署到了本地IIS服务器。

9.2.2 在IIS下添加其他网站

在IIS下添加非默认网站的步骤如下。

1）打开IIS管理器，右击网站，选择添加“网站”，如图9-21所示。

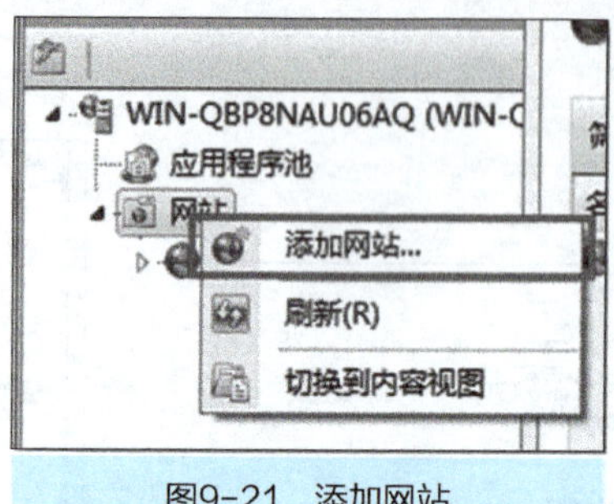

图9-21　添加网站

2）由于本地服务器没有域名作为支撑，本站点可以使用8080端口进行访问，作为IIS下的一个子网站，其配置如图9-22所示。

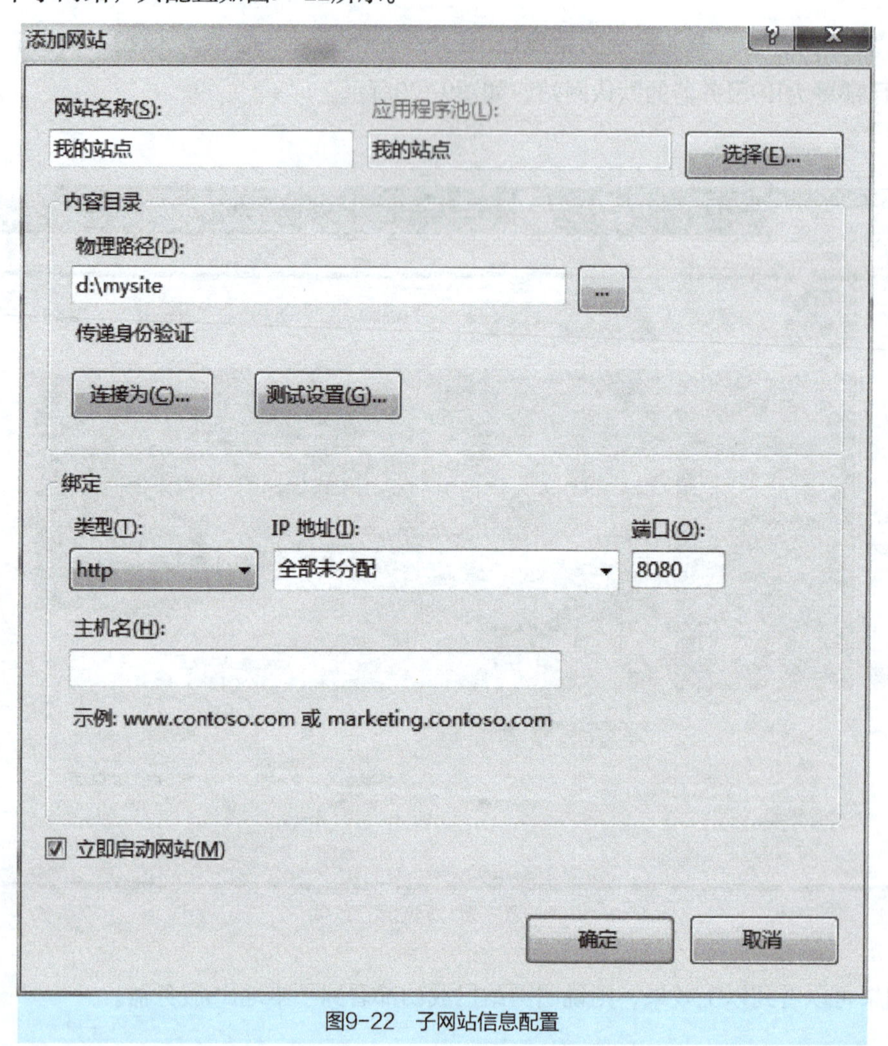

图9-22　子网站信息配置

3）打开浏览器，测试该子网站是否可以正常访问，输入地址：http://localhost:8080，正常情况下效果如图9-23所示。

图9-23　子网站运行效果

由此可见在IIS下添加站点是十分方便的，除了子网站，也可以通过添加虚拟目录的方式实现将某一网站作为另外一个网站的二级栏目，如图9-24所示。

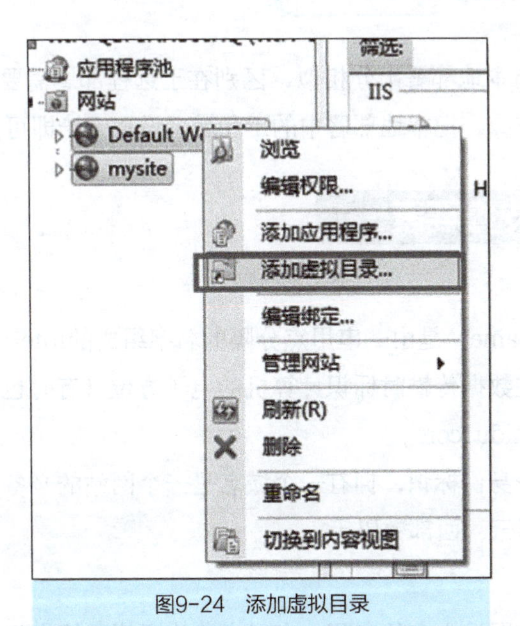

图9-24　添加虚拟目录

配置虚拟目录如图9-25所示。

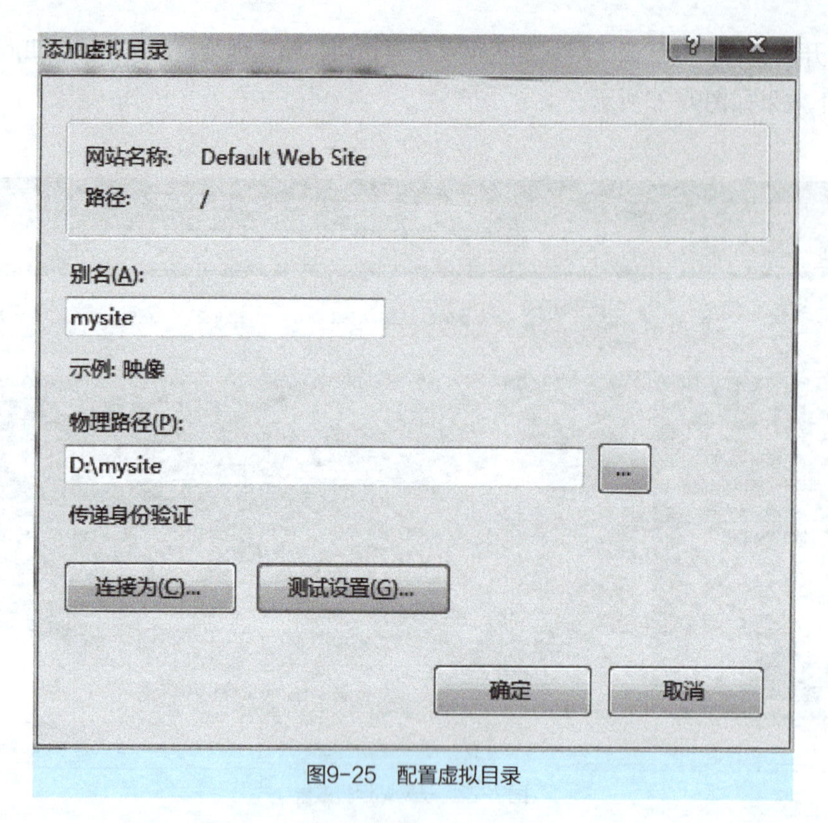

图9-25 配置虚拟目录

配置完毕后可以在浏览器地址栏输入http://localhost/mysite/进行测试。

9.3 网站的远程部署

网站的远程部署与本地部署十分相似，区别在于远程部署需要公网独立IP、域名、服务器空间等条件作为支撑，把本地部署中的IP和域名设置完毕即可。

9.3.1 网站的支撑要素

1. 域名

域名（Domain Name）是由一串用点分隔的名字组成的Internet上某一台计算机或计算机组的名称，用于在数据传输时标识计算机的电子方位（有时也指地理位置），如百度搜索的域名为www.baidu.com。

域名是网站的唯一身份标识，拥有一个域名是一个网站的必备条件，域名可以在域名提供商处购买，如阿里云、西部数码等。

2. 网站空间

网站空间就是存放网站内容的空间，有时也称为虚拟主机空间，通常企业做网站都不会自己架服务器，而是选择以虚拟主机空间作为放置网站内容的网站空间。空间能存放网站文件和资料，包括文字、文档、数据库、网站的页面、图片等。

网站空间可以在空间提供商处购买，如阿里云、腾讯云等；也可以购买云主机，云主机允许用户自己选择操作系统来管理自己的网站空间，一般网站空间拥有一个或多个独立IP。

3．域名备案

域名备案的目的是防止有人在网上从事非法的网站经营活动，打击不良互联网信息的传播，如果网站不备案的话，很有可能被查处以后关停。根据《非经营性互联网信息服务备案管理办法》，在中华人民共和国境内提供非经营性互联网信息服务，应当办理备案。未经备案，不得在中华人民共和国境内从事非经营性互联网信息服务。

一般情况下，空间提供商可以提供备案服务，用户也可自行通过工信部相关平台进行自主备案。

4．域名的解析

域名解析是把域名指向网站空间IP、让人们通过注册的域名可以方便地访问到网站的一种服务。

域名解析就是域名到IP地址的转换过程。域名的解析工作由DNS服务器完成。一般域名提供商都拥有域名解析管理系统，如阿里云、西部数码等。

9.3.2 网站的远程部署步骤

网站的远程部署与本地部署步骤完全一致，唯一的区别在于远程部署需要网站运营者准备好域名、空间和域名备案。

下面以IIS为例，说明远程网站部署的核心操作要点。

1）配置好网站的物理路径后，右击站点，选择编辑绑定，如图9-26所示。

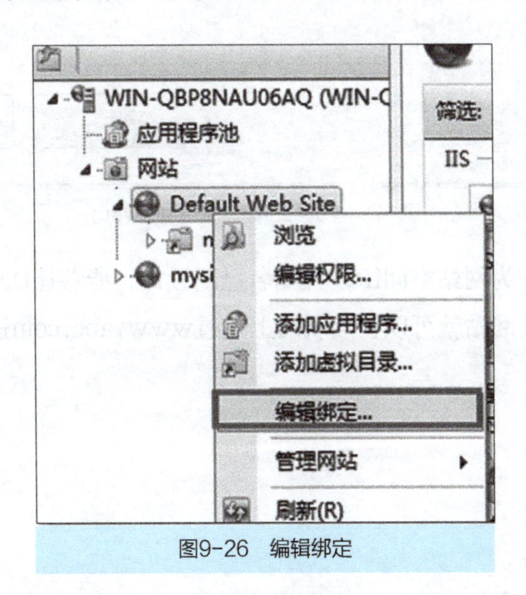

图9-26　编辑绑定

2）进入“网站绑定”对话框，如图9-27所示。

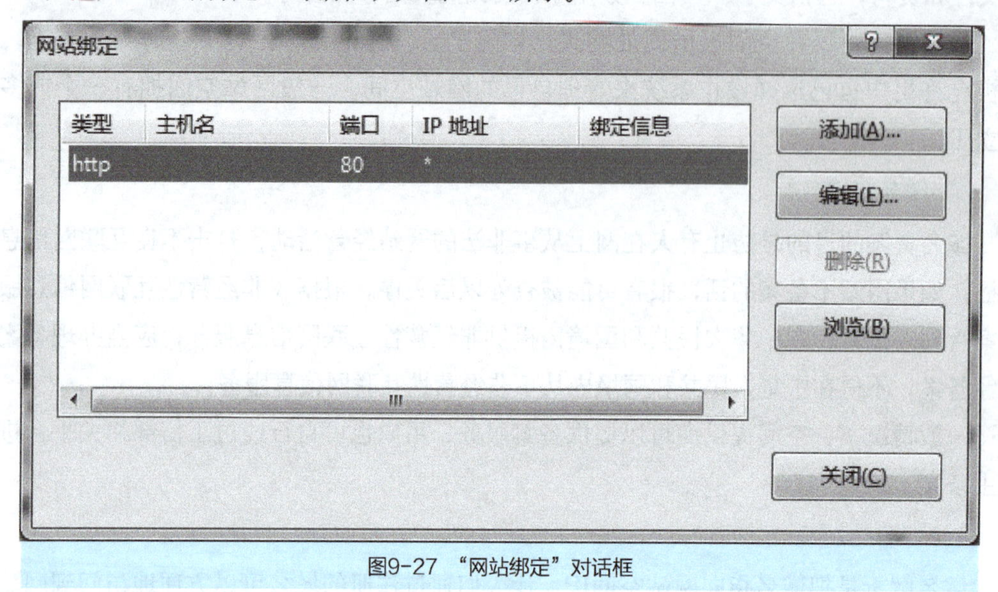

图9-27 “网站绑定”对话框

单击编辑，对站点的主机名、IP地址和端口进行正确的配置，如图9-28所示。

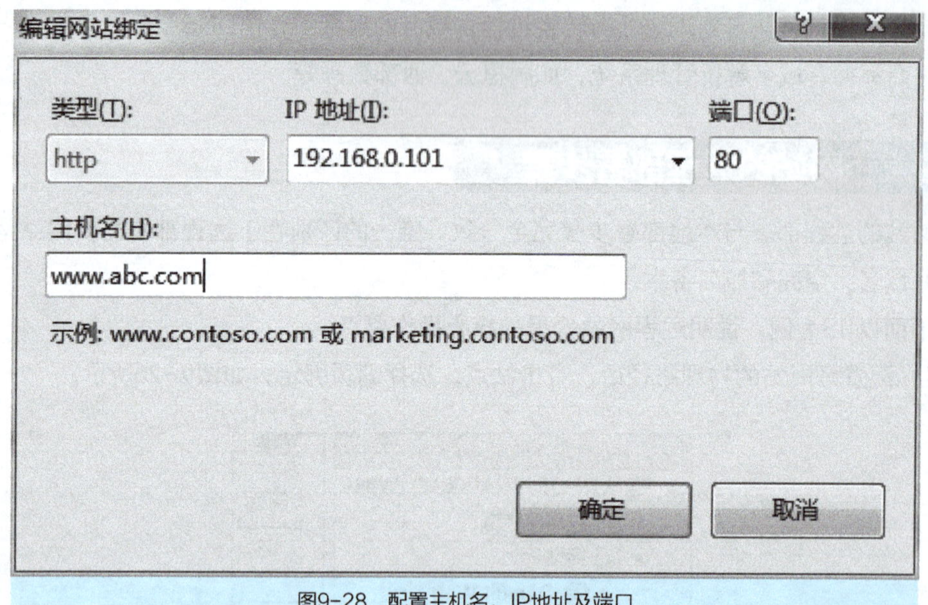

图9-28 配置主机名、IP地址及端口

如果上述步骤的IP为网站空间IP，且域名已配置好，能够让DNS服务器解析到该IP，那么经过上述步骤后，网站就可以在互联网上通过www.abc.com进行访问了。

第10章 实战开发——学院首页

学习目标

1）掌握站点的建立，能够建立规范的站点。

2）了解切图工具，能够运用切片剪裁效果图。

3）完成网站首页的制作，熟练使用DIV+CSS布局网页。

在深入学习了前9章的知识后，相信读者已经熟练掌握了HTML的相关标记、CSS样式属性、布局和排版知识。为了进一步巩固所学知识，本章将综合运用前9章的基础知识开发一个网页项目—— 聊城职业技术学院信息学院首页，其效果图如图10-1所示。

图10-1 网站效果图

10.1 页面效果分析

一个专业的网页制作人员，当拿到一个页面的效果图时，首先要做的就是对效果图进行分析和切片，并进行建立站点等一系列的准备工作。

10.1.1 建立站点

站点对于制作、维护一个网站很重要，它能够帮助我们系统地管理网站文件。通过站点可以对网站的相关页面及各类素材进行统一管理，还可以使用站点管理实现将文件上传到网页服务器，测试网站的功能。站点简单地说就是一个文件夹，在这个文件夹里包含了网站中所有用到的文件，我们通过这个文件夹（站点）对网站进行管理。

站点可以建立在任何文件夹中，相当于网站的“根目录”，所有的资源、素材、文件，都应该放在站点内。

一般建立站点遵循以下几点原则：

1）不要使用中文目录。网络无国界，使用中文目录可能对网址的正确显示造成困难。

2）不要使用过长的目录。尽管服务器支持长文件名，但是太长的目录名不便于记忆。

3）尽量使用意义明确的目录。便于记忆和管理网站。

下面来详细讲解建立站点的步骤。

1. 创建网站根目录

在计算机本地磁盘任意盘符下创建网站根目录。我们在D盘根目录下创建一个“Htmlweb”的文件夹作为站点的根目录，在根目录文件夹内新建一个文件夹“chapter10”，如图10-2所示。

图10-2 建立根目录

2. 在根目录下新建文件

打开“chapter10”文件夹，在根目录下新建“css”“images”文件夹，分别用于存放网站所需的CSS样式表和图像文件，如图10-3所示。

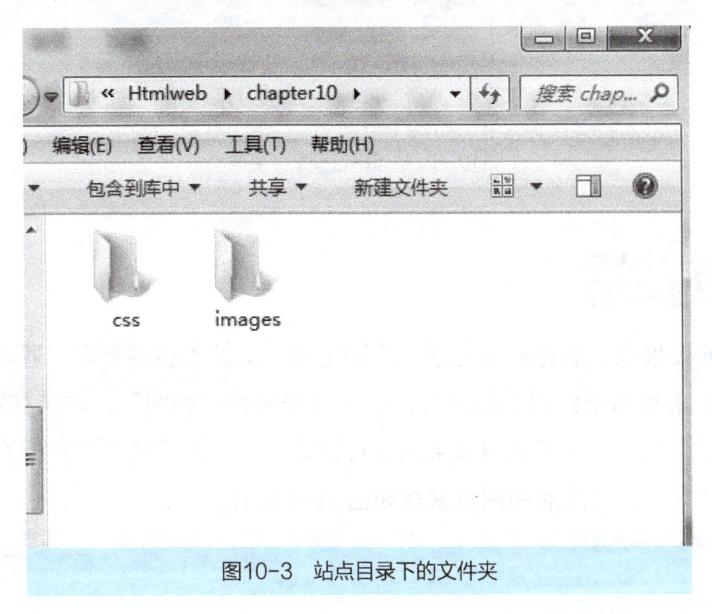

图10-3 站点目录下的文件夹

3. 建立站点

打开Dreamweaver工具，在菜单栏中选择【站点】→【新建站点】选项，在弹出的窗口中输入站点名称，指定根文件夹为刚建立的“chapter10”文件夹，如图10-4所示。

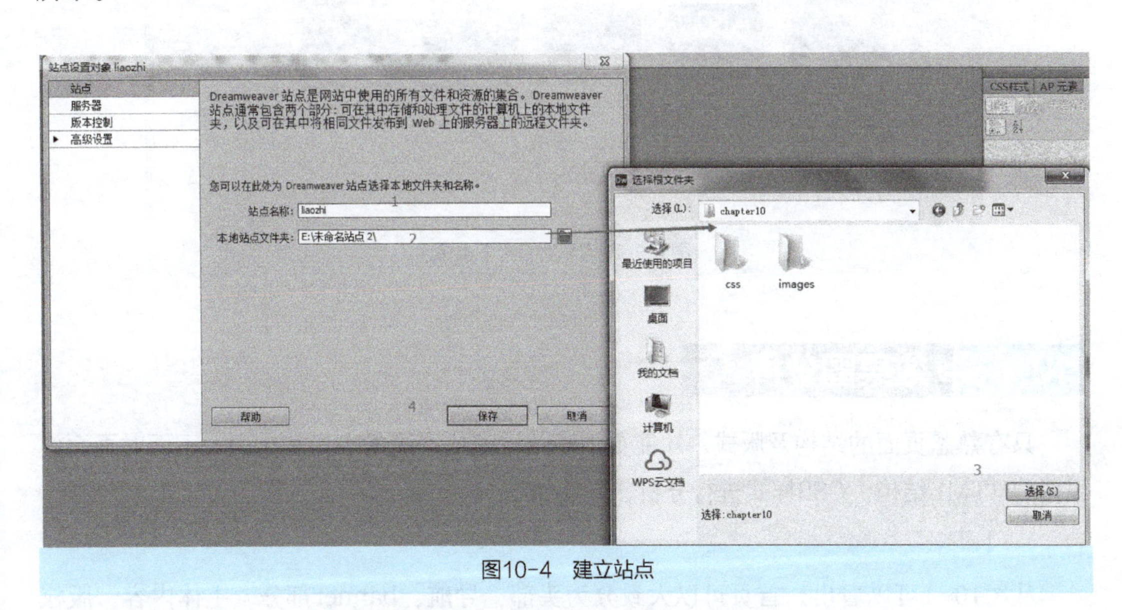

图10-4 建立站点

建立站点目录，单击保存后，站点根目录文件夹结构如图10-5所示。

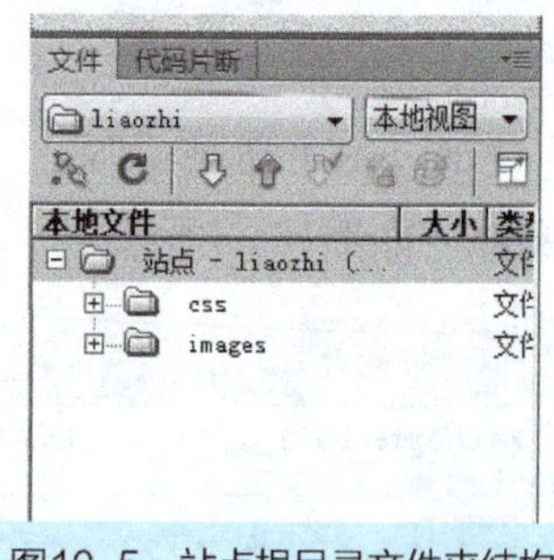

图10-5　站点根目录文件夹结构

10.1.2 切片

有了网页的效果图，制作网页之前，需要把做网页的素材准备好。通常把效果图中有用的部分剪切下来作为制作网页的素材，这个过程称为“切图”。在第1章中我们介绍过切片工具的使用，利用切片工具对效果图进行切片，将导出后的图片存储在站点根目录的“images”文件夹中。切片后的网页素材如图10-6所示。

图10-6　切片后的网页素材

10.1.3 效果图分析

只有熟悉页面的结构及版式，才能更加高效地完成网页的布局和排版。下面对页面效果图的HTML结构、CSS样式进行分析，具体如下。

1. HTML结构分析

从图10-1可以看出，首页可以大致分为头部、导航、banner部分、主体内容、版权信息5个部分，如图10-7所示。

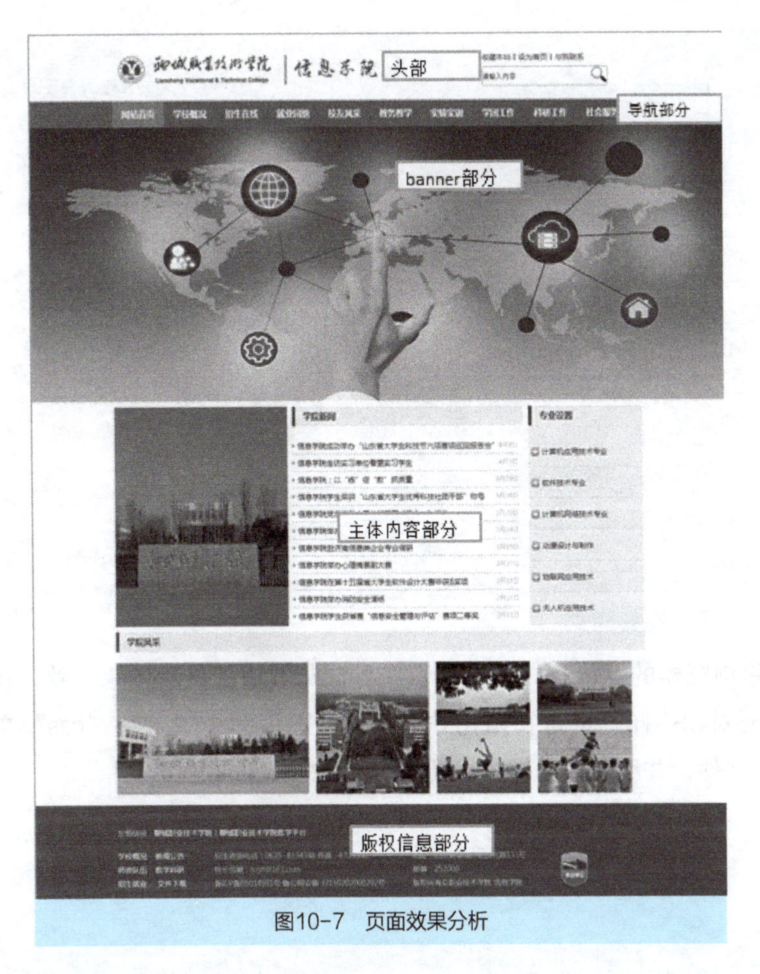

图10-7　页面效果分析

2. CSS样式分析

观察效果图，分析页面的各个模块，可以看出，页面导航部分、banner部分、版权信息部分都是通栏显示，其他模块为1024px且居中显示。整个页面的文字都是“微软雅黑”，大小为14px。

3. 页面布局

根据图10-7所示的页面效果分析，先把网页的页面结构写出来，具体代码如下。

```
<!DOCTYPE html PUBLIC "-//W3C//DTD XHTML 1.0 Transitional//EN" "http://www.w3.org/TR/xhtml1/DTD/xhtml1-transitional.dtd">
<html xmlns="http://www.w3.org/1999/xhtml">
<head>
<meta http-equiv="Content-Type" content="text/html; charset=utf-8" />
<title>聊城职业技术学院信息学院</title>
</head>
<body>
```

```
<!--头部-->
<div class="head"> </div>
<!--导航部分-->
<div class="nav"></div>
<!--banner部分-->
<div class="banner"></div>
<!--主体内容部分-->
<div class="content"></div>
<!--版权信息部分-->
<div class="footer"></div>
</body>
</html>
```

4．定义页面的公共样式

为了清除浏览器的默认样式，使网页在各浏览器中的显示效果一致，在完成页面布局后，首先要对CSS样式进行初始化并声明一些通用的样式。在“css”文件夹中新建“style.css”文件，并编写通用样式，具体如下。

```
/*清除一些标签的默认样式*/
body,ul,li,p,img,a,h1,h2,h3,form,input{ margin:0; padding:0; border:0;}
ul,li{ list-style:none;}
a{ text-decoration:none;}
/*全局样式*/
body{ font-family:"微软雅黑", font-size:14px;}
```

10.2 首页页面效果实现

在上节中，我们完成了制作网页的前期工作，本节将带领大家完成网站首页页面的制作。

10.2.1 制作头部、导航部分和banner部分

1．头部和导航部分

观察图10-1所示的效果图，会发现网页的头部分为左右两个部分，左半部分比较简单，是网页的logo图片部分，右半部分是一个表单，表单部分又分为了上下两个部分，上

半部分是一个P段落，下半部分是input输入框。

导航部分是通栏显示，宽度为浏览器的100%，导航部分用li列表来实现。网页头部和导航部分的结构分析图如图10-8所示。

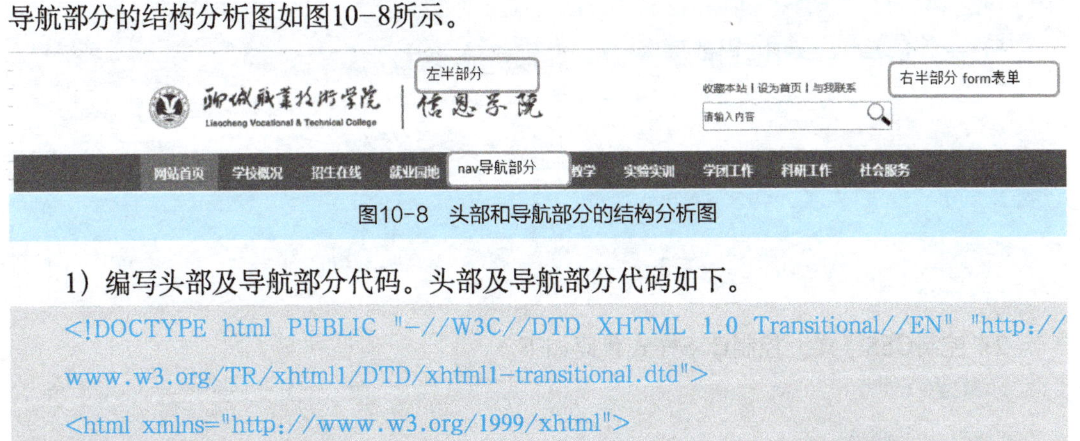

图10-8 头部和导航部分的结构分析图

1）编写头部及导航部分代码。头部及导航部分代码如下。

```
<!DOCTYPE html PUBLIC "-//W3C//DTD XHTML 1.0 Transitional//EN" "http://
www.w3.org/TR/xhtml1/DTD/xhtml1-transitional.dtd">
<html xmlns="http://www.w3.org/1999/xhtml">
<head>
<meta http-equiv="Content-Type" content="text/html; charset=utf-8" />
<title>聊城职业技术学院信息学院</title>
</head>
<body>
<!--头部部分-->
<div class="head">
<img src="images/logo.jpg" alt="聊城职业技术学院-信息学院" width="573"
height="100"/>
<form>
<p><a href="#">收藏本站</a> | <a href="#">设为首页</a> | <a href="#">与我联系
</a></p>
        <input type="text" class="formTxt" value="请输入内容"/>
</form>
</div>
<!--导航部分-->
<div class="nav">
<ul>
<li class="li_1"><a href="#">网站首页</a></li>
<li ><a href="#">学校概况</a></li>
<li ><a href="#">招生在线</a></li>
<li ><a href="#">就业园地</a></li>
<li ><a href="#">校友风采</a></li>
```

```
<li ><a href="#">教务教学</a> </li>
<li ><a href="#">实验实训</a> </li>
<li ><a href="#">学团工作</a> </li>
<li><a href="#">科研工作</a></li>
<li ><a href="#">社会服务</a> </li>
</ul>
</div>
</body>
</html>
```

2）控制CSS样式。控制CSS样式代码如下。

```
/*网站开始*/
/*网站头部部分*/
.head{ width:1024px; height:123px; margin:0 auto;}
.head img {
    float: left;
    margin-top: 15px;
}
/*头部表单部分*/
.head form{
    width: 306px;
    height:65px;
    float: right;
    padding-top: 35px;
    }
.head form a{color:#0048a1;}
.head form p{ margin-bottom:8px;}
.head .formTxt{ width:240px; height:33px; line-height:33px; border:1px solid #66afe9;
border-radius:3px;color:#0048a1; background:#fff url(../images/search.png) right center
no-repeat;}
/*导航部分*/
.nav{ width:100%;
    min-width: 1128px;
    height:48px;
    background: #4078b9;
    font-size:16px;
```

```
    font-weight: bold;
}
.nav>ul {
    width: 1024px;
    margin: 0 auto;
}
.nav>ul>li{float:left;}
.nav>ul>li>a {
    display:block;
    width: 100px;
    line-height:48px;
    text-align:center;
    color: #FFF;
}
.nav>ul>li>a:hover {
    color:#FFFFFF;
    cursor: pointer;
    background:#e0742b;
}
.li_1{ background:#e0742b;}
```

2. banner 部分

banner部分比较简单，是一张通栏显示的图片，所以代码和CSS样式控制也比较简单。HTML部分代码如下。

```
<!--banner部分-->
<div class="banner"><img src="images/bannerbg.png" alt="信息学院"/></div>
```

CSS样式控制部分代码如下。

```
/*banner部分*/
.banner{ width:100%; height:500px;min-width: 1128px;}
.banner img{ width:100%; height:100%;}
```

10.2.2 制作主体内容部分

1. 主体内容结构分析

观察图10-1所示效果图，会发现网页的主体内容部分可以分为上下两个部分，上半部分又分为左中右三个部分，下半部分也分为左中右三个部分。主体内容部分的结构分析图如图10-9所示。

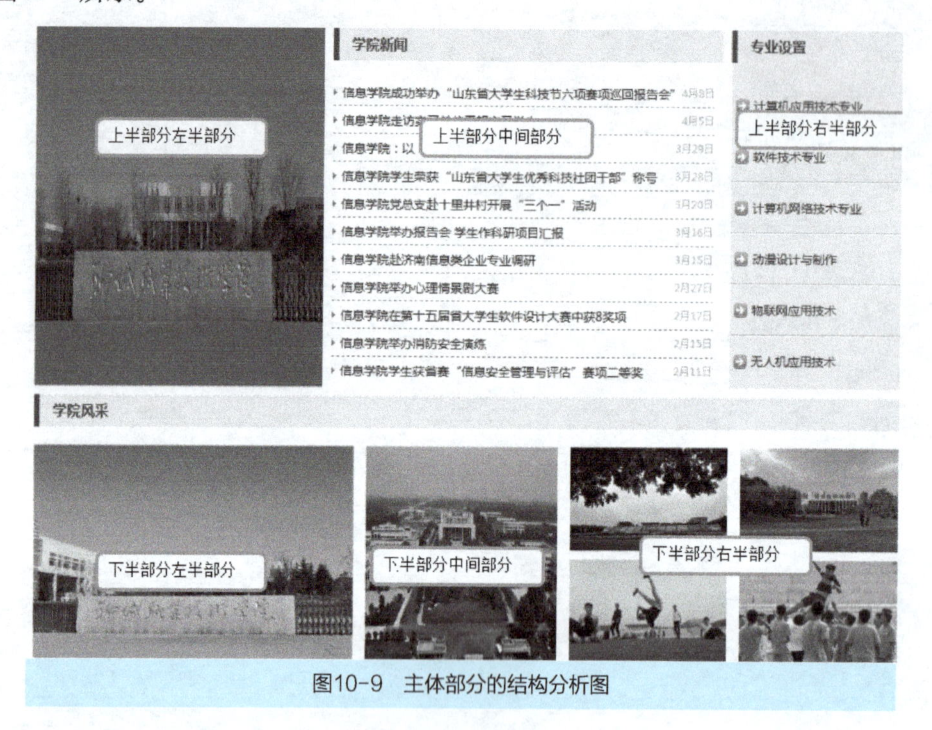

图10-9　主体部分的结构分析图

2．主体部分 HTML 实现

根据图10-9所示的结构分析图，先搭建主体部分的HTML代码，具体代码如下。

```
<div class="content">
<!--网站主体部分上半部分-->
<div class="conTop">
<!--网站主体部分上半部分左半部分-->
<div class="conTop_left"><a href="#"><img src="images/xueyuan.jpg"></a></div>
<!--网站主体部分上半部分中间部分-->
<div class="conNews">
<h3 class="title">学院新闻</h3>
</div>
<!--网站主体部分上半部分右半部分-->
<div class="conTop_right">
<h3 class="title">专业设置</h3>
</div>
</div>
<div class="conBottom">
```

```
<h3 class="title">学院风采</h3>
<!--网站主体部分下半部分左半部分-->
<div class="conBot conBot_left"><a href="#"><img src="images/news1.jpg"></a></
div>
<!--网站主体部分下半部分中间部分-->
<div class="conBot conBot_mid"><a href="#"><img src="images/news2.jpg"></a></
div>
<!--网站主体部分下半部分右半部分-->
<div class="conBot conBot_right">
</div>
</div>
</div>
```

3. 主体部分CSS实现

CSS样式控制代码如下。

```
/*网站主体部分*/
.content{ width:1024px; height:auto; margin:0 auto;}
/*网站主体部分上半部分*/
.conTop{ width:100%; height:400px;  margin:10px auto;}
.conTop a:link,a:visited{ color:#002b5e;}
.conTop a:hover{ color:#bd1a1d;}
.conTop_left{float:left; width:333px; height:400px; margin-right:10px; }
.conTop_left img{ width:100%; height:100%;}
/* 网站主体部分上半部分中间部分*/
.conNews{float:left; width:450px;height:400px;margin-right:10px; }
.conNews  h3{ }
.title{font-size:16px; color:#254896; line-height:36px;border-left: 6px solid #3448a1;
   margin-bottom: 20px;padding-left:15px; background: #f2f2f2;}
.conNews  li{ width:430px;line-height:30px; background:url(../images/icon.gif) no-
repeat left center;
  border-bottom:1px  dashed #999; padding-left:10px;}
.conNews span{ font-size:12px; color:#ccc; float:right;}
/* 网站主体部分上半部分右半部分*/
.conTop_right{float:left;  width:220px;height:400px;background:#f2f2f2 ;}
.conTop_right li a{display:block; line-height:55px; background:#f2f2f2 url(../images/
liicon.png) 5px center no-repeat; padding-left:25px; border-bottom:1px solid #d2d2d2;
```

```
border-top:1px solid #fff;}
/*网站主体部分下半部分*/
.conBottom{ height:300px; }
.conBottom img{ width:100%; height:100%;}
.conBot{float:left; margin-right:15px; height:240px;}
/* 网站主体部分下半部分左半部分*/
.conBot_left{ width:370px;}
/* 网站主体部分下半部分中间部分*/
.conBot_mid{ width:220px;}
/* 网站主体部分下半部分右半部分*/
.conBot_right{ width:400px; margin-right:0px; }
.conBot_right ul{ width:400px; overflow:hidden;}
.conBot_right ul li{ float:left; width:182px; height:115px; margin-right:15px; margin-bottom:10px;}
```

10.2.3 制作版权信息部分

1. 版权信息结构分析

从图10-1所示效果图可以看出，版权信息部分的背景颜色是通栏显示的，但是版权信息部分的版权内容部分是1024px宽，版权信息部分的结构分析图如图10-10所示。

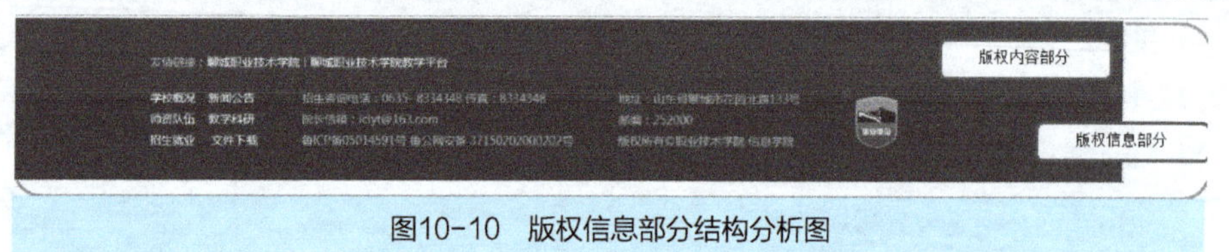

图10-10 版权信息部分结构分析图

版权信息部分分为上下两个部分，上半部分是一个有链接的段落，下半部分由三个ul列表组成。

2. 版权信息 HTML 实现

版权信息部分的HTML代码如下。

```
<!--网站版权信息部分-->
<div class="footer">
<div class="foot">
<p>友情链接：<a href="#">聊城职业技术学院</a> | <a href="#">聊城职业技术学院教学平台</a></p>
<p> </p>
<ul>
```

```
<li><a href="#">学校概况</a>    <a href="#">新闻公告</
a></li>
<li><a href="#">师资队伍</a>    <a href="#">教学科研</a>
</li>
<li><a href="#">招生就业</a>     <a href="#">文件下载</
a> </li>
</ul>
<ul>
<li>招生咨询电话：0635-8334348传真：8334348</li>
<li>院长信箱：lclyt@163.com</li>
<li>鲁ICP备05014591号 鲁公网安备 37150202000202号</li>
</ul>
<ul>
<li>地址：山东省聊城市花园北路133号</li>
<li>邮编：252000</li>
<li>版权所有©职业技术学院 信息学院</li>
</ul>
<ul><li><img src="images/blue.png"/></li></ul>
</div>
</div>
```

3. 版权信息部分 CSS 实现

版权信息部分CSS代码如下。

```
/*footer底部版权信息部分*/
.footer{ margin-top:15px; width:100%; min-width:1128px; height:auto;
background:#3d618b; padding-top:40px; color:#CCC;}
.footer a{ color:#fff;}
.foot{ width:1024px; height:150px; margin:0 auto;}
.footer>.foot>ul{ display:inline-block; padding-right:50px; vertical-align:top;}
.footer>.foot>ul>li{ line-height:25px;}
```

至此，网页所有的部分已经完成，最后运行完整的index.html文件，会得到如图10-1所示的HTML页面。

通过制作这个完整的网站首页，相信大家对网页制作有了进一步的理解和把握，并能够熟练运用DIV+CSS实现网页布局。

参考文献

[1] 传智播客高教产品研发部. 网页设计与制作（HTML+CSS）[M]. 北京：中国铁道出版社，2014.

[2] 黑马程序员. 网页设计与制作项目教程（HTML+CSS+JavaScript）[M]. 北京：人民邮电出版社，2017.

[3] 未来科技. HTML5+CSS3+JavaScript从入门到精通（标准版）[M]. 北京：中国水利水电出版社，2017.